智元微库
OPEN MIND

成长也是一种美好

U0125554

咨询师，我为什么不快乐

心理咨询室的故事

尹依依 ——— 著

人民邮电出版社

北京

图书在版编目（ＣＩＰ）数据

咨询师，我为什么不快乐：心理咨询室的故事 / 尹依依著. -- 北京：人民邮电出版社，2024.2
ISBN 978-7-115-63686-7

Ⅰ. ①咨… Ⅱ. ①尹… Ⅲ. ①心理咨询－咨询服务 Ⅳ. ①B849.1

中国国家版本馆CIP数据核字(2024)第001945号

◆ 著　　尹依依
责任编辑　张渝涓
责任印制　周昇亮

◆ 人民邮电出版社出版发行　　北京市丰台区成寿寺路11号
邮编 100164　　电子邮件 315@ptpress.com.cn
网址 https://www.ptpress.com.cn
河北京平诚乾印刷有限公司印刷

◆ 开本：880×1230　1/32
印张：8　　　　　　　　　　　　2024 年 2 月第 1 版
字数：180 千字　　　　　　　　2024 年 2 月河北第 1 次印刷

定　价：59.80 元
读者服务热线：（010）67630125　印装质量热线：（010）81055316
反盗版热线：（010）81055315
广告经营许可证：京东市监广登字 20170147号

前言

我是一名心理工作者，同时更是一名普通的职业女性。这么多年的工作经历以及在工作中接触的案例，让我领悟了很多道理。当然，和大家一样，我也不时被生活鞭打，沮丧有时，痛苦有时，绝望也有时。

我们每天努力在生活里扮演各种角色，总免不了有力不从心的时候。在寸土寸金的伦敦哈利街，在我的心理诊所里，我见过许多事业有成的精英来访者。他们看似成功，却都曾问过我同样一个问题：咨询师，我该怎样找回快乐。没错，心理咨询是一趟探索之旅。他们努力打拼，也好似成绩满满，但是他们的心理健康经常被忽视，疗愈自己的过程也被忙碌的生活挤到了一边，最后不得不来寻求心理帮助。

人生是用来体验的，快乐也是需要寻找的。那么，奔波的我们，是不是也会怀疑自己有做得不够好的地方？是不是也经常为当下的事情和别人的评论而焦虑？是不是也觉得爱自己和接受自己原来一点都不容易？是不是还在带着原生家庭的伤疤艰难前行？我们想要健康地生活，我们想做出自己的成绩，但是在忙碌不已的生活中，我们是不是忽略了自己的内心？

心理学是研究如何让心理更健康的社会科学。心理咨询属于一种心理健康急救，也是使我们保持心理健康的有效方法。但是对于很多人来说，心理健康依然是一个新的概念，而心理咨询更是生活中的一种"奢侈品"。这也是我写这本书的原因，我想尽量真实地将心理咨询的对话过程还原，让大家哪怕缺少心理咨询资源，也可以学着去问自己一些问题，从那些问题里，找到自己内心痛苦的原因，然后开启自我疗愈过程。

自从在伦敦大学城市学院以心理咨询博士身份毕业之后，我一直在伦敦从事心理咨询工作。至今，我已从事咨询工作至少有 3 万小时。伦敦有着多元性的文化因素，我遇到的来访者都有着不同的背景。但是从这些案例中，我看到人的情感是相通的，所以我特别选取了 20 余个有代表性的案例，这些案例涉及现代人普遍具有的焦虑问题，以及对自己情绪的不体谅、不接受自己和不懂得好好爱自己等问题，希望这些案例可以帮助到正在受各种心理问题困扰的大家。

人类很坚强，也很脆弱。在我们筋疲力尽的时候，甚至不需要经历多大的挫折就能使我们的心情坠入谷底。我想通过这些真实的案例，通过来访者们的成长，告诉大家：别担心，一切都会好的。我们会从低谷中走出，并且在这个过程中得到成长，获得更强大的力量。

生活不易，我们要保护好自己的心理资源。在这本书里，我也用了最新的心理学研究理论以及行之有效的各种心理学小妙招来帮助大家重塑心理健康，这样我们才会有源源不断的勇气去迎接生活中即将到来的各种挑战，同时还能保持积极的心态去享受生活中的美好。

请大家记住，我们要比自己想象的更坚强。就像我每个案例的当事人一样，他们也许经历了困苦、艰难，甚至绝望，但是他们的勇气最终帮助他们重新塑造了自己，而你，同样也可以。希望你能与自己和解，包容并爱上自己，让自己重新获得快乐的能力。

最后，我想感谢所有那些和我分享他们人生体验的来访者们，感谢他们的无私分享。同时，为了尊重隐私，有关来访者的咨询细节均已做了修改，相关叙述也得到了来访者的授权。他们教会了我何为坚持，何为坚韧，也给了我面对生活继续努力的信心，他们是我的英雄。

感谢编辑老师们一直以来的支持，他们给了我莫大的鼓励和耐心，感谢你们让这本书成功出版。

目录

CHAPTER

1

第一章

直面我们的焦虑和抑郁

不够完美的人，才能不断成长

诊所通常是 9 点开门，当然偶尔也会有来访者特别要求早上 8 点见诊，这时候我就要提前一小时来到诊所开始工作。

在我 8 点到达诊所时，那位来访者已经在门口等待了，她一副焦急的样子，不停地看表。"应该是一位很忙的来访者吧。"我心里想着，然后开门请她进来并端了一杯咖啡给她。

来访者的妆容用精致来形容毫不过分。一身职业女性装扮，高级的莫兰迪色系服装烫得整整齐齐；妆容也是恰到好处，不带攻击性又显得气色极好；身材更是高挑匀称，明显带着长期运动的痕迹。

"她应该是一个很自律的人。"我在内心默默地分析着。但外表不等同于内在，因为外表通常是我们最想呈现给外界的一个面具。

　　合格的咨询师一般都是"细节控"。我对来访者的判断从她走进诊室那一刻就开始了。提前预约就诊时间，不停看表的小动作，焦急等待的状态，已经让我在下意识里有了一个初步的判断——这位来访者大概率面临的是关于焦虑的问题。果不其然，在测验量表中，她的焦虑指数表高达 18 分，而焦虑测验量表的总分才不过 21 分。看来面前这位看似稳重的女性的焦虑值已经快"爆表"了。

　　她讲述道，她的焦虑已经持续很长一段时间了，最近又严重了，特别是睡眠质量大受影响，有时候她甚至不得不吃安眠药或者喝点酒助眠。

　　我好奇地问："你平时是怎样放松自己的呢？"

　　她不可思议地看着我说："放松？我怎么可能放松。我的职业不允许，我的家庭不允许，我自己也不允许。"

我好奇地补充道："原来你一直在焦虑工作和家庭的事情，并且不停地逼自己前进。怪不得呢，大家都以为你是女超人吧？还有，我能了解下你所说的不允许是什么意思吗？是谁不允许你放松呢？你自己还是你的家人？在工作和家庭中，你觉得自己是在孤军奋战吗？你是否习惯要求自己一定要做到最好？"

她看着我，斩钉截铁地说："当然要做到最好！"

"那么"，我迎上她的目光接着问道："究竟什么是最好呢？我看到的是，为了做到最好，你仿佛一直在被焦虑折磨着。你连做心理咨询都一直在看表，仿佛你人生的每天都是被日程表所控制着的。"

她瞪大了双眼："你怎么知道！我每天就是从日程表第一项开始，我会等到日程表完全结束才休息。"

她说，自从三年前和丈夫离婚后，她就既当妈又当爸，不敢让自己休息一分钟。因为她不想让她的孩子失望，也不想让公司觉得她因为个人私事而不能全身心投入工作，因此她时不时就对自己说："我要做到面面俱到，把所有事都做得完美。"

她将每天的日程表排得很满，几乎分秒必争。她早上 6 点起床运动，7 点把两个孩子叫醒、做早饭、送孩子们上学。白天，作为投资公司高层管理人员的她会被一整天的会议和工作填满。下班后，她的第一件事就是接孩子回家并准备晚饭，饭后再检查两个孩子功课并且进行纠正。这时基本都已经超过晚上 10 点了。之后，她还要复盘每天的工作进度，顺便再回复一下工作邮件，通常要在 12 点之后才能休息。

她问我："我这样有错吗？我都做得这样完美了，难道我做得还不够好吗？"

我叹了一口气说："你对工作和孩子确实已经足够好了，但是你对自己还真的蛮残忍的。我估计你这三年都没有允许自己哭过，这些压抑的情绪会慢慢累积变成焦虑，如果压抑得太久，就有可能引发抑郁症。当然，还有一个更重要的事情，你觉得现在这样'完美'的你快乐吗？这个答案我们两个显然都知道，要不然今天你也不会坐在我面前，不是吗？"

心理学上关于完美主义的研究非常多。从心理学上看，完美主义者往往有五大倾向，包括对自己的要求高；觉得别人对自己的期待高；觉得自己如果做得不完美就会有批评或者有不可预计的灾难出现；不停地自我怀疑，对要求和次序进行严格控制；不能接受错误[①]。

基本上所有的研究都指向一句话——"完美主义"几乎等于"自我枷锁"。

完美主义者对自己的要求高不说，对结果也会非常在意，一个人越有完美主义倾向，焦虑指数也就越高。同时因为要求完美，一点点不好的评论和挫折就会让他们觉得过去的一切努力都白费了。想要修正完美主义，我们需要学会重新接受自己。

造成完美主义的真正"罪魁祸首"，其实是我们对自己的

---

① CURRAN T, HILL A P, WILLIAMS L J. The relationships between parental conditional regard and adolescents' self-critical and narcissistic perfectionism [J]. Personality and Individual Differences, 2017, 109: 17–22.

不自信：担心如果自己不完美了，是否还会有人接受自己或者是否还会有工作机会。

完美主义通常伴随着极度自律，毕竟完美需要强大的意志力才能被"维持"。但是一味追求自律其实也并不理智。说到底，自律是长期发展和短期欲望之间斗争的产物，很多人追求当下的快乐，而自律的人更看重长期目标。这也代表着，盲目自律的人有可能总是在未雨绸缪，把生活的重心放在"预防"可能出现的问题上，从而无法心安理得地体验当下的每时每刻，因此他们感受到的焦虑也更多。

就像案例中的来访者，她有多自律，就有多焦虑。

相对来说，追求完美并且极度自律的人，对自己的接受程度也不会特别高。在遇到挫折和失败的时候，他们对自己会特别严苛，更容易自我贬低和自我排斥，我的来访者也因此不能完全放松。她非常自律，也不太能接受不自律的自己。

这位来访者的生活就好像一颗被拧得过紧的螺丝钉，她没有给自己任何呼吸的空间。听完我的分析之后，她沮丧地说："但我已经没有尝试新东西的空间了。"

我鼓励她："不试试看怎么知道？最起码，你可以给自己每天 15 分钟'做自己'的时间，而不是一直担心你自己之外的所有人和事情。而且你真的不需要拿自己的努力和任何人去比较，包括但不仅限于身材、工作、孩子、教育，等等，那样只会让你更加焦虑。现在，你需要学习的是如何滋养自己，如何专心过好当下，也要相信你自己有承担失误并且重新爬起来的能力。到那个时候，你就会更加放松。毕竟如果你不滋养自己，那么你的动力源泉也将枯竭。"

一个疗程的咨询结束后，她明显放松了很多。她说，她开始冥想了，虽然冥想时脑子里还是乱哄哄的，但这是她给自己留下的时间，这给了她坚持的动力。

她也开始鼓励孩子们自己检查自己的功课，培养他们的独立性，而不是一味地依赖她。她甚至请了一个 5 天的长假，去了自己最想去的海边看风景。她回忆说，那 5 天，虽然她也会时不时担心在外婆家的孩子们，但是她终于找回了好久没有的轻松感，连呼吸都更加舒畅了。

从这位来访者的身上，我们可以看到所谓的思维方式和生活方式是可以被改变的。**一个完美的人，也许是难以继续成长的人；一个完美的人，必定是对自己苛刻的。**用完美塑造的墙，你走不出来，别人也进不去。我们要继续成长，要接纳自己，要感受世界。说到底，要求完美是将自己的价值放在了别人的手里，而我们只有自己掌握自我价值才不会焦虑。

希望下文的"尹博士心理小妙招"可以帮助大家拥有更为平和的心态。

尹博士心理小妙招

- 在你可控的范围内尝试犯错。例如，完全没有必要将房间时刻整理得一丝不苟，你甚至可以故意随便将一件衣服搭在椅子上；偶尔在和亲密的朋友约会时迟到

10 分钟左右，当然要记得及时通知他们。你会发觉，别人的反应远远不如你想象中的那么大，世界也绝对不会因为你的一个小错误而崩塌。

- 做事时，**要分清轻重缓急，学会取舍。**如果每一件事情都很重要，则代表了没有一件事情"更"重要，同时代表了你对于你自己来说不重要。请根据自己当下的能力和感受，用不同的态度对待不同的事情，养成安排时间的好习惯。

- 在认知上，要努力打破"非黑即白"的界限。"要做就做到最好"这种打鸡血的话大家也许都听过，其实这句话的另外一个意思是如果不能做好，那么索性不要做了。这种极端心态有时不会给我们更多动力，反而会让我们心生胆怯。学会为一些小进步而喝彩才是明智之举。

- 最后一点，也是最重要的一点是，**我们要学会经常鼓励自己、表扬自己。**正如上文那位来访者，她已经做得非常棒了，但是她还是看不到自己的努力。我们要记得，每一件我们做错的事情背后，都会有一件我们完成得不错的事情。我们要学会自我发掘，自我鼓励，而不是静静地期待别人来发现。

别用高效绑架自己

　　我工作的诊所是伦敦收费最昂贵的诊所之一，是很多大公司指定员工来进行心理咨询的诊所，其中包括一些知名的投资银行和高科技公司。我每天都可以见到大家眼中所谓的"成功人士"，比如那天的一位来访者。

　　他大约三十岁的模样，穿着定制的高级西装，头发梳得一丝不苟，身材管理也做得不错，简直是职场精英模板。一见面他就对我说："尹博士，等下咨询我可以早走 10 分钟吗？有个会议我怕来不及，为了见你，我连今天早上的晨跑都没去。"

　　我开玩笑地说："那我真的太荣幸了，谢谢你给我这 40 分钟时间。"

接着我又提出自己的疑问："那么你希望我这次的咨询也是快进模式吗？我现在都能感觉到你的焦虑了。"

他睁大眼睛说："你怎么知道我是因为焦虑才来见你的！"

他接着说："我实在太忙了，简直连焦虑的时间也没有！你能不能尽快帮我改善焦虑症状，2次咨询足够吗？"

"你因为焦虑来咨询，又焦虑到想把一疗程8次的咨询缩短为2次，你不觉得你对自己太没有耐心了吗？"我笑着问道。

"可是我根本没有时间有耐心啊！我是管理层中唯一的中国人，只有做到接近完美才能不掉队。要不是焦虑来'麻烦'我，我是真的不想浪费时间来咨询。"这位男士甚至觉得进行心理咨询本身就是在浪费时间。

他接着对我说："我一直相信，只要努力就能做到最好。'唯有最好，才值得拥有'，这是我的人生信条。从小我就是在最好的学校，拿最高的分数，最后以全奖进入英国最好的大学。现在，我的收入也算是同龄人中最高的那一档。如果不能活出最好的自己，我会觉得自己输给了生活。"

"哦？那么你有想过时时刻刻'打败生活'的代价吗？任何决定和行为都有代价，不是吗？就好像焦虑也是一种代价，你愿意为了你'不能输'的人生而付出长期焦虑的代价吗？"

他一下子愣住了，好像我这个问题没有在他的人生大纲里出现过，他似乎从来没有思考过这样的问题。

他犹豫了一下："不是说'吃得苦中苦，方为人上人'吗？难道我想成为人上人也错了吗？我想赢错了吗？"

"可是，如果人生只有成为赢家或者成为输家这两个选择的话，那我们的选择也太少了吧？"我反问道。

"况且，输赢只是结果。在结果之前，我们有漫长的过程需要体验。你的人生不是电影，是不能快进的，难道不是吗？就好像你希望我很快就治愈你的焦虑，但是不久你就会发现，治愈的过程会带来很多的问题，引发你的思考，这些都是没有办法快进的，也更不能以输赢为标准来评判。"

看着他陷入沉思，我继续补充道："我相信一路走来你都非常努力，但是应该也有做不到所谓最好的时候吧。在那种情况下，你的内心感受是什么样的呢？"

他没有丝毫犹豫地告诉我："当然是很有挫败感啦，觉得自己还不够努力、还不够好。如果我再努力一点，就可以做到最好了，大家不都是这么想的吗？"

"你能告诉我什么是最好吗？谁在你心中符合最好的标准呢？最好的标准又是从哪里来的呢？"我问他。

"最好的标准从哪里来？"他试探地回答说："来自……其他人的评价？"

"那其他人会为你的焦虑负责吗？你的情绪和心理健康问题，他们会负责保护吗？"

在心理学中，"最好"这个词，本身就带着非常大的比较性[1]。通常我们越想做到最好，在结果不尽如人意的时候就越会进行自我否定。当我们要求自己做到最好的时候，其实是在说"我们没有失败的余地，我们没有容错率"。可是，我们也应该知道，失败或者失控也是人生的常态。另外，从心理学角度看，失败和挫折可能是一种更好的成长机会。

美国心理学会在 2012 年提出的创伤后成长理论告诉我们，在经历挫折之后，我们反而会被激励，绝地求生的动力可以让我们在内心成长进程中前进一大步，丰富的成长体验也更能帮助我们应对下一次的挫折[2]。所以，不要害怕失误，更不需要一直追求成为赢家，你的人生不是一场竞赛，而是由一个个成长体验堆积起来的坚强堡垒。

在第三次咨询的时候，他主动问我道："我想清楚了，我

---

[1] FRY P S, DEBATS D L.Perfectionism and the Five-factor Personality Traits as Predictors of Mortality in Older Adults [J]. Journal of Health Psychology, 2009, 14（4）: 513–524.

[2] CALHOUN L G, TEDESCHI R G. Posttraumatic Growth in Clinical Practice, 2012.

决定为自己的情绪负责，我不想再焦虑下去了。你能告诉我方法吗？"

我笑着说："'效率狂人'果然追求效率。我虽然有方法，但是它不是捷径哦。我们就先从你的晨跑聊起吧，你晨跑多久了？"

他有点疑惑："晨跑和我的情绪有什么关系？"但他还是继续回答说："我晨跑 5 年了，从早上 7 点到 8 点，在维多利亚公园跑 5 公里，结束后洗漱去上班。"

"那么这 5 年来，你关注过季节的变化吗？看见过绿草发芽和花朵盛开的时候吗？在每个季节中，公园里都是什么气味呢？在完成 5 公里的目标时，你和自然真正地产生联系了吗？"我提问道。

他思考了一下回答我说："听你这么一说，我好像真的没注意过。我只关注完成 5 公里这一目标了。"

"对，当一切以结果为目标时，你也许会忽视身边的风景，也就缺少真正的、真实生活的体验。生活不是答卷，也不会有标准答案。在终点之前，多体验、多经历，才能跑出属于你自己的人生赛道。"我回答说。

"焦虑其实是内心在告诉自己'你的油门踩太快了，需要偶尔刹车才行'。如果没有这次焦虑的提醒，终有一天，你会心力交瘁，最终失去前进的动力。"说完，我将视线看向窗外，当下真是个美丽的季节。

"我好像明白了，我把'赢'当成了我的人生目标。但这样其实对心理健康不利，对吗？有什么力所能及的方法可以让我在生活中好好调整吗？"

我回答道："**请你尽量活在当下，体验生活，时刻记得过程比结果更重要。**另外，我也想和你分享我工作中的一些体验。这些年，我在咨询中也见过很多'类似'的人生赢家。他们有着几乎一样的认知模式——必须找到自己的奋斗目标，必须积极向上，必须高效，不能消极低落，不能浪费时间，运动很重要，工作很重要……在这些认知模式下，产生的最大的幻觉就是：人生是可控的，幸福是有'技巧'的。但是快乐和幸福不能等同于光鲜亮丽的名牌衣服，而应指你发自内心的感受。哪怕你的成就赢得了外界的认可，你仍有可能输了内心的平衡，这代价我希望你能好好思考。"

这位来访者坚持完成了 8 次咨询，在最后一次的时候，他反馈道："咨询真的一点也不浪费时间，而且让我对自己的情绪感知都清晰了很多。现在，我每天努力让自己更贴近生活，昨天晚上我还参加了同学会，要知道从前我只会认为这种联谊是在浪费时间。"

然后他又害羞地说："在同学会上我见到了学校的学妹，我鼓起勇气要了她的联系方式，我想下周约她看电影，可是我好紧张啊。"

"没关系。我可以教你一个小窍门，这也是心理学认知疗法中的一个诀窍，可以很快缓解紧张的情绪。如果你觉得紧张，请你深呼一口气，大约 10 秒，然后屏住呼吸 10 秒，最后慢慢吐气 10 秒 [①]。这样的呼吸金三角小练习重复 10 次，你的

---

① COSTA H J. Effect of short-term practice of breathing exercises on the breathing capacity in children［J］. Current Investigations in Clinical and Medical Research, 2021, 1（2）.

大脑将会有足够多的氧气来平复你的情绪。约会要开心，要学会享受当下的快乐，焦虑将不再是你生活的负担。"

我们的咨询结束了，但关于"焦虑"，我想表达一下自己的看法。我们每个人都想成为"更好"的人，但是人生的意义不止于此，生活还有很多的乐趣。如果你一味求赢，则会错过许多美丽的风景。学着越过结果、体验过程，你才能更加舒展。

尹博士心理小妙招

- 如果你想改善焦虑，首先要做的不是排斥这种情绪，而是接受焦虑的状态，然后从内心深处发掘焦虑的来源。

- **给自己的生活留白，不要用所谓的高效来绑架自己。**

- 记得每天最少给自己留 15 分钟时间，用来和你的情绪对话和链接。你可以问自己：我今天的感受是什么？

我体验到了什么？最重要的是，要注重体验生活的细节和过程，不要因为偶然的失误苛责自己。希望你能知道，你不需要做到最好，你要相信现在的你已经足够好。

- **在情绪紧张的时候做呼吸金三角小练习，多重复几次。**

焦虑不会消失，身体会替它呐喊

一个工作日的早晨，我的第一位来访者走了进来。见到他的第一眼，我就能感觉到他威严的气场，但他的内心又极度克制，有着一丝"生人勿近"的高冷感。"这应该是一个习惯发号施令的人。"我暗戳戳地想。

果不其然，他自我介绍说自己是一名韩裔英国人，在一家对冲基金公司做科技总裁。他踌躇很久才吐出一句话："我觉得自己得了重病，马上就要死了。"

可是他明明看上去很健康，我轻轻问了一句："是你自己觉得身体出了问题，还是医生诊断说的？"

他无奈地说："虽然我很讨厌医院，但是我找了27个负责不同科目的专家，他们经检查没觉得我有任何身体问题，可我就是觉得自己命不久矣，最后是精神科医生推荐我来见你的。"

哦，原来他得的是疾病焦虑障碍。

疾病焦虑障碍又称疑病症、疾病妄想症，是焦虑症里相对少见的一个病症，主要表现为患者认为自己患有或即将患有严重的、未被诊断的躯体疾病，并因此反复就医或出现适应不良的回避行为（如回避就医和住院）[①]。并且，他们即使经历了反复的医学检查，确认身体已无问题，依然不能打消对身体健康的顾虑，这也是为什么这位来访者会找 27 个不同科目的专家给他检查。

"从什么时候，你开始对自己的身体健康状况如此担心？"我一边记录，一边补充问道。

"6 个月前吧，当时正好是我工作项目最紧张的时刻。我

---

① CICCARELLI S K，WHITE J N. Psychology：DSM 5 [M]. Boston：Pearson，2014.

的公司正在准备上市，作为创始人之一，我压力很大。那个时候，我害怕出一点点错，在工作和生活中我都非常紧张。慢慢地，我哪怕只是咳嗽一下，脑海里也会将其演变成肺癌；经历一次小小的皮肤过敏，我就会以为自己得了皮肤癌；甚至仅仅一次头疼，我便怀疑自己得了脑瘤。虽然医生已经反复告诉过我，这些都是心理问题，但我还是觉得自己生病了。"

"你确实生病了，你的心理出现了一些问题。"我说，"不过没关系，我们可以一起慢慢面对你的紧张和害怕。"

"所以，你觉得我是因为焦虑才会这样想吗？"他皱起了眉头，仿佛很难相信这个结论。

"每个人面对焦虑的态度都是不同的，有些人表现为排斥，有些人表现为否认，有些人表现为接受，有些人则有着强烈的躯体化症状，就像现在的你一样[1]。你之前有过焦虑的感受吗？"

---

[1]　HART J, BJÖRGVINSSON T. Health anxiety and hypochondriasis: Description and treatment issues highlighted through a case illustration [J]. Bulletin of the Menninger Clinic, 2010, 74（2）: 122–140.

他思考了一下说："今天坐在您的诊室里，我依然有点不太相信我是因为焦虑才有这样的身体反应。说实话，像焦虑这种心理上的烦恼，对我们来说基本不算问题。我们更多的时候都在努力达成目标，相信您也明白这个道理。"

他接着说："我的父母是韩国第一代移民，刚来英国的时候，姐姐 10 岁，我才 8 岁。他们在语言不通的情况下凭借自己的努力工作，现在都在高校担任教授，我的姐姐也非常照顾我，我们全家人之间的关系都非常亲密。但是，作为家人，我们之间不会互相分享情绪，因为我和姐姐都知道父母是咬牙打拼撑过来的，我们也不能落后。所以我们几乎不能焦虑，焦虑不就等于抱怨自己的能力不够吗？我可不想成为只会抱怨而不够努力的人。"

"我从小就非常喜欢科技，博士读的也是计算机工程专业，一毕业就创业开了一家软件公司。家人一开始反对，觉得我还是应该找一份稳定的工作，但是公司的发展一直不错，现在他们也接受了。如今正值公司最紧要的关头，我真的希望成功完成上市，让家里为我骄傲，让他们知道我的决定是对的。"

"那现在因为焦虑而坐在我诊室里的你，对自己会不会有点失望？"

"确实，我会质疑自己：我之所以焦虑，是不是因为我还不够坚强和努力？"

"怎么会呢？"我看着他的眼睛一字一句地说："正是因为你太过努力和坚强，才会焦虑。因为你给自己留的容错率太低了，甚至对于可能不存在的失败也担心不已。现在的你，把自己所有的骄傲、所有的自我价值以及父母对你的期望都押在了一个项目上，所以你非常焦虑。"

"我把所有的自我价值，都押在了上市与否上？"他喃喃道。

"你缺乏的不是自我批评，而是对自己的宽容和关怀。即使你在言语上表达不出来，你的身体也会替自己说话，这也是为什么你会有明显的躯体化症状。"

第一次咨询结束的时候，我对他说："虽然你可能对自己感到失望甚至羞愧，但是我想说，我为你骄傲，因为你敢来咨询，这便是跨出了最难的一步。"

在心理咨询中，我会有意识地寻找那些被来访者忽略的、造成他严重焦虑的源头，并根据这些细枝末节拼凑一幅他的成长地图，以帮助他发现曾经的经历是如何帮他形成如今的惯性思维，以及这些惯性思维是如何让他焦虑的。

随着咨询的深入，我越来越清晰地了解了他的成长背景。他告诉我，他的全家人都把成绩看得很重。同时，作为家里的唯一的男孩子，他一直觉得自己背负了让家里人骄傲的责任。所以他一直压力很大，如果有一次考试没有考好，他就会在内心对自己进行非常严苛的批评。

成立公司是他第一次违背父母的安排，因此他更加不允许自己失败。他一直在寻找自己的缺点，却缺乏自我共情，导致大量负面情绪被压抑和遗忘。**从心理学上看，情绪是不可**

能被压抑的。它总会找到自己表达的方式，如果你不懂得表达，身体就会替它呐喊[1]。

"你有没有发现你人生的容错率太低了？"在后续的咨询中我问道。

他好奇地问："容错率？"

"是的，容错率。容错在心理学上也被称为'无法容忍不确定性'综合征。这在心理学领域属于比较新鲜的概念，在2009年才被心理学家认证[2]。事物的变化日新月异，如今生活中可以带来确定性的东西越来越少。人们需要确定性，但是一味追求确定性或者认为不犯错误就可以掌控生活，则有可

---

[1] MATÉ G. When the body says no：the cost of hidden stress［M］. Toronto：Vintage Canada, 2012.

[2] SEXTON K A, DUGAS M J. Defining distinct negative beliefs about uncertainty：Validating the factor structure of the Intolerance of Uncertainty Scale.［J］. Psychological Assessment, 2009, 21（2）：176–186.

能导致抑郁、焦虑等问题。这也是被最新的心理学研究所证实的[①]。"

"所以我不想在人生中做自己认为错误的决定，是因为我想控制结果？而我希望得到的结果只有一种，就是必须成为家族的荣耀，不能失败只能成功的那种。"他沉思了之后缓缓说道。

"看，你不仅科技知识学得好，心理学知识也学得很快。"我微笑着说。

我慢慢对他解释道："是的，你人生的指向性太明显了，而且你只给自己留了一条通往目标的路，你的内在依然是那个看过父母吃苦而暗戳戳发誓要让家人骄傲的 8 岁小孩子。你甚至没有和家人谈过。我相信他们已经非常为你骄傲了。你知道吗，虽然你很优秀了，**但是人通常是需要犯错才能成长的，特别是心理上的成长。**只有经过犯错并且明白犯错的意

① BOELEN P A, VRINSSEN I, VAN TULDER F. Intolerance of Uncertainty in Adolescents［J］. Journal of Nervous & Mental Disease，2010，198（3）：194–200.

义，人们才会逐渐接受自己，人生的容错率才会提高。哪怕这次上市没有成功，你也要知道，你已经做得非常好了。你的初心从未改变，仍旧是为了家庭在努力拼搏，但是你现在的人生目标可能需要重新调整一下了。允许对自己失望，你才能让自己更真实、更放松。不然，焦虑会一直影响你，使你畏惧将来、畏惧失败、畏惧让家人失望。"

再一次来的时候，他和我说："我和家人好好谈了一次。您是对的，他们打心底里为我骄傲，也不是那么在乎上市是否成功。他们只希望我快乐，而不是背负着这份沉重的家庭荣耀艰难前行。"

他最后哽咽着说："我的父母告诉我，我已经给他们最珍贵的礼物了。谢谢你，尹博士，感谢你让我体会到这一点。"

我摇了摇头："你更应该感谢的是你自己。你想要帮助自己，因此才找到了我，也是因为你想改变，才会倾听我的建议。现在，你更要关怀自己的内心，探索更广阔的世界，不要怕犯错。经过洗礼，你会变得更加坚强、更加睿智、更加真实、更能共情自己，你也将拥有更紧密的人际关系。往前走，大胆走，你将不断成长，同时爱的后盾永远在支持你。"

人们都不喜欢犯错的感觉。但是在心理学中，犯错是成长的必经之路。如果没有犯错，我们就不会持续成长。错误的最大意义是让你明白错误的代价，并且了解自己的不足。而在明白这些意义之后，如果你可以原谅自己，并且不畏惧地继续前行，那就代表你又解锁了一项人生的新技能。反之，如果你持续批判自己，于某些时候你就会陷入抑郁和自我消耗，会在心理成长中止步不前。

当你面对错误的时候，你是选择让错误将自己吞没，还是拍拍灰，收拾好心情继续前行呢？这是一个艰难的抉择，但选择权在你的手中。

尹博士心理小妙招

- 学会重新定义"失败"。失败是宝贵的成长机会！人们常说，每个人对成功的定义不一样，对失败的定义也

要不一样。在改变这些定义那一刻，你也许便开启了
自我原谅的密码箱。

· 学会将任务、目标进一步细分。将可控的和不可控的
部分划分清楚，这样你的注意力就能够更加集中，也
更容易平衡地看待失败和错误。能够及时止损其实也
是一种成功。

· 学会用期待内心成长的心态来设立目标。每次在遇到
挫折时，请告诉自己：我期待保持学习的能力，不断
增加知识的广度和深度；我期待从生活里汲取养分，
反思所有的错误，学会从错误中获得成长。人生虽然
不可控，但是只要你有学习的能力，你就将不断进步、
成长。

攀登人生的"第二座山"

心理学中，年龄焦虑被定义为随着年龄增长而感到的一种带有失落、迷茫、担忧和恐惧的状态①。这些因年龄渐长而滋生的焦虑其实非常普遍，而且有着越来越提早的趋势。"成名要趁早"是张爱玲最有名的金句之一，由此可见年龄焦虑并不只是当下的课题②。

在全球老龄化的前提下，年龄焦虑是非常值得面对和讨论的问题。年龄的增长并不可怕，每个人都会变老。

请看我其中一位来访者的案例。同大多数来诊所咨询的

---

① LASHER K P, FAULKENDER P J. Measurement of Aging Anxiety：Development of the Anxiety about Aging Scale［J］. The International Journal of Aging and Human Development，1993，37（4）：247–259.

② 张爱玲. 传奇［M］. 北京：北京十月文艺出版社，2021.

精英人士一样，这位来访者在四大审计公司已经做到了非常高的职位，他是一名英国出生的第二代华裔。虽然身居高位，但第一次来咨询的他，整个人是压抑甚至是有点颓废的。

用外界标准来看，他事业有成，人生仿佛已经非常圆满，但才 40 岁的他，在来到咨询室后问我的第一个问题居然是："我是不是已经太老了，我的人生是不是已经不能再有改变的机会了？"

我看了下眼前依然精干利落的来访者问："能告诉我为什么你会有这种想法吗？你有这样的想法多久了？"

他说："估计你也猜到了，就像大多数漂洋过海的华侨一样，我的父母辛辛苦苦移民到英国，开了一家餐厅努力赚钱，对我的要求就是好好读书，然后找一份好工作。我也确实做到了，在大学毕业就进入四大审计公司的管培项目，一路做到现在，我在 39 岁时已经成为高级合伙人了。我按部就班地结婚，有了两个可爱的孩子，父母一直为我感到骄傲，我也觉得人生好像就是这样了。但是最近我跨入了 40 岁大关，不自觉地开始思考人生。"

"比如呢？"我好奇地问他。

他说："我不禁思考，这样的人生真的是我想要的吗？我真的喜欢这份工作吗？前面的 40 年，我一直走着父母安排好的路，如果我再选一次的话，将会是什么样子呢？更重要的是，我还有得选吗？"

我想了想："这些突如其来的思考可能会让你很困惑。因为这些思考里包括了你对自己内心的拷问、对年龄的担忧，也包含了对父母一直以来为你安排人生的怀疑。它们一起堆向你，你的焦虑指数最近飙高了不少吧？"

他说："算是吧，而且最重要的是，我失去了工作的动力，因为我好像找不到人生的意义了。"

我想了一想说："其实可以换一种思路来看，正是因为年岁渐长，你才拥有这种智慧来思考人生的意义。"

心理学研究表明，在大部分时候，年龄增长和智慧的精进是相辅相成的[1]。那些我们曾经走过的路，体验过的各种颠簸，

---

[1]　LIM K T，YU R. Aging and wisdom：age-related changes in economic and social decision making［J］. Frontiers in Aging Neuroscience，2015，7.

会让我们更加清楚自己真正的需求。通常来说，年轻的时候，我们大多是懵懂的、被动的。年龄的增长给我们提供了将被动变为主动的机会。

我接着问道："如果把这些困惑看成机遇，当下，你会选择做什么呢？这个问题，你可以作为本次咨询的作业思考一下。"

第二次来咨询的时候，他的兴致明显高了许多。面对我时他的内心也打开了不少，咨询开始后，他问我："尹博士，你是'吃货'吗？"

我笑了笑说："我应该不算，但我猜你应该是。"

他拍了一下大腿："对！我特别喜欢美食。我从小在父母的餐厅里长大，记忆里总是弥漫着食物的香气。看着人来人往的餐厅，听到老顾客们的衷心赞美，我觉得那是我心目中最美好的回忆。我知道开餐厅极其辛苦，父母曾经坚决不想我走他们的路。但是对我来说，热气腾腾的厨房、美味的食物、客人的赞同都是能让我快乐的东西。不瞒你说，虽然我工作繁忙，但是我周末特别喜欢给家人下厨，看见他们吃得开心，我也非常愉悦。"

我为他感到开心："看来你找到了自己真正的爱好。"

"但是我现在还有机会去做我喜欢的事情吗？"他的声音又低落了下去，略带质疑地说道："毕竟我现在有家庭和各种生活负担。况且，说服我父母也似乎是件不可能的事情，他们肯定不会支持我的。"

"他们也许不会，但是如果连你也不相信自己，那就更没有机会了。"在心理咨询中，咨询师有一个重要目的，就是帮来访者树立对自己目标的信心，有了属于自己的愿景，他们才能更好地到达心中的目的地。

他下了决心似的点了点头。

年龄增长和创业机会的减少其实并没有特别大的联系。相反，相关研究表明，因为此时人们更加明白利害关系，对市场更加了解，以及有了更强的自律力和行动力，中年创业者其实比年轻创业者成功的概率大 [①]。

在之后的咨询里，他慢慢告诉我，他决定创造一套改良版的中国菜，先开始利用周末时间去食物节推广。他想帮大家打破对传统中国菜"重油不健康"的印象，没想到经过短短几周的推广，竟收获了不少好评。

后来，他开始利用社交媒体推广他的品牌，并且在伦敦各个潮流热点不定时地推出闪现摊位。饥饿营销果然有些效果，没过多久，他就觉得周末的时间已经不够用了。当做出一点点成绩之后，他特别邀请了父母去品尝自己的食物。当父母看见这些成果，特别是感受到他的快乐和成就感时，竟也转变了不赞成的观点，甚至和他分享一些开餐厅的体验。两代人，一起在为一件事而努力，家庭的黏性甚至更高了。

当害怕衰老的时候，我们真正怕的是什么？我们怕没有重

[①] BANKS J. The Age of Opportunity：European Efforts Seek to Address the Challenges of an Aging Population and Also Create Opportunities for Economic Growth and Innovation［J］. IEEE Pulse, 2017, 8（2）：12–15.

新开始的机会，怕人生一成不变，怕身体上的衰退，怕失去价值，怕没有爱和陪伴……

可是，这些很大一部分都是我们可以努力创造的。哪怕年龄再大，我们也不要抱着听之任之、不去思考和努力的态度，因为有些问题是避免不了的。

我们忙着害怕老去，却忘了思考老去的意义。从出生第一天开始，我们就开始在变老了，变老是伴随我们一生的。

当我们都在焦虑年龄增长的时候，其实更需要看到年龄增长的红利。例如，随着年龄的增长，我们的友情更加绵长，我们的社会经验和人生阅历更加丰富。我们更珍惜当下，我们的内心更加强大，我们也更懂得照顾自己，包括身体和内心方面。人生任何改变都是有得有失的，年龄问题也是如此。

中年可以是新征程，老去也可以很优雅，让我们一起认真地活在当下，享受各个年龄段带来的生命礼物吧。

当然，成年人的生活也许时不时会一地鸡毛，当你不可避免地陷入年龄焦虑时，希望下面的尹博士心理小妙招可以帮助到你。

尹博士心理小妙招

- 保持成长的态度。无论如何，要有重新开始的勇气，年龄不是太大的问题。"活到老，学到老"这句老话真正的意义在于，你可以通过学习让自己变得更有底气、保持好奇心，而好奇心则是对抗衰老的最佳法宝之一。

- 改变和自己的对话模式，学会肯定自己。如果你习惯在内心告诉自己——我的巅峰已经过去，我在走下坡路，那么你在潜意识里会逐渐接受这种想法。但是你完全可以改变和自己对话的方向，可以告诉自己：现在的我，拥有更丰富的人生经验，拥有更卓越的智慧，拥有更美好的自己。**解决问题的方向从不在过去，而是在路上和前方。**

- 保持和朋友、家人的良好互动。良好的社交关系和家

庭互动，会让你从每天的生活中汲取营养和动力，这
也是让你持续前进的一种动力。

- 年龄增长是生命的一部分，要学着接受。只要活着，
  你就在老去，但是那绝不代表"年龄"是一种隐形障
  碍，老去是生活的一部分，尽量关注自己，不要盲目
  攀比。

选择原谅，是为了放过自己

　　7 月的伦敦，温度虽然还是 20 摄氏度左右，但是每天太阳高照。所以当我看见诊所里的新来访者裹着一件黑色棉衣，蜷缩在凳子里的时候，还是很惊讶。

　　他面色严肃，双臂交叉在胸前，这是心理学里非常明显的抗拒沟通的姿态。我照例说明了保密协议，为他做了心理障碍测试。他的抑郁分数是 17 分，在病理上已经属于重度抑郁症了。

　　咨询一开始，他就用沉重的语气对我说："我今天来就是想问你一个问题：我是否应该原谅我的父亲。两个月前，我知道他癌症晚期了，大概还有三个月的生命。"

我说："所以那就是你抑郁症状开始的时候吗？"

他回想了一下说："对，从那时候起，我就开始失眠，也没什么食欲，很难在工作上集中精神。"

"怪不得呢。"我心想。然后我补充说："能不能解释一下，你所谓的'原谅'是什么？"

不要小看这个问题，这在心理学中是一个非常重要的步骤。作为咨询师，我必须和来访者在特定语境中保持一致，而不能以我自己的视角去揣测对方的态度①。我们彼此对"原谅"的定义可能完全不同，要解决对方的问题，我必须透彻了解来访者对"原谅"的看法。

来访者在听到这个问题之后明显愣了一下，他皱起眉头，仔细思考了一下，然后用略带怀疑的语气问我："在他人生最后的时候去探望他？"

---

① FLASKERUD J H, LIU P Y. Effects of an Asian client-therapist language, ethnicity and gender match on utilization and outcome of therapy [J]. Community Mental Health Journal, 1991, 27（1）：31–42.

"你不想去探望他吗？为什么呢？"我问道，但回答我的是长长的沉默。我默默地递过去一杯水，静静地等待着，毕竟诉说过去对每个人来说都是不容易的。

墙上的时钟滴滴答答地响着，在安静的空间里显得尤为明显。我继续等着他，一个合格咨询师的基本素养还包括耐心和包容，这样的等待其实是让来访者有思考的空间，非常重要。有时候，陪着一个人静默，比喋喋不休有用得多。

经过了好像永恒一样的安静之后，他紧紧地抓着椅子扶手，嘴里艰难地挤出话来："我的父亲，在生活不如意的时候就爱喝酒，喝醉了就会打我的母亲。在 4 岁的时候，我就不得不在他们发生争执时去隔壁邻居家寻求帮助。因为通常在这之后，下一个挨打的就是我，直到我学会反抗。他在外面道貌岸然，在家里却是一个恶魔。他把自己所有的不快乐归咎在我和母亲身上，说我们毁了他的人生。可是，被毁掉的明明是我的人生啊！还有我的母亲，如果不是因为心力交瘁，她不可能 38 岁就去世，他是罪人！他才是罪人！"

说出这句话之后，他好像被自己吓到了，带着错愕的表情喃喃自语："后来我离开那个家，拼命读书，拿全奖，从一流大学毕业，工作也非常顺利，我选择了遗忘过去，我终于可以过得像个普通人了。我以为我已经摆脱掉过去了。可是两个月前，我的姑母找到我，说父亲因为长期酗酒得了肝癌，现在已经是晚期，还说他想见我。得知消息那一刻起，我的噩梦好像又开始了。我内心希望他不要再来打扰我，我希望我的原生家庭死在了过去，我是不是很邪恶？"他痛苦地交叉着双臂，将头掩进了胸口。

"对一个伤害过你的人谈仁慈，那是虐待自己。"我回答说。

来访者继续痛苦地说："我并不想见他，但是我觉得我好像'应该'见他。我也不想原谅他，可是我又觉得我'应该'原谅他，毕竟他的人生……他的人生已经走到了尽头。"

"什么是'应该'呢？'不应该'又是什么呢？是谁设立了这个'应该'的框架？在决定原谅之前，这个问题我们需要好好想一下。"我知道这些问题的重量，真话大多时候确实带有很大的杀伤力，但是只有这样才能引起来访者的反思。

我也知道这些问题也会让他内心泛起波澜，但是一个合格的咨询师，就是要带领来访者去面对那些自己内心不想面对的问题。

只有真正面对内心，他才能去正确地选择"原谅"或者"不原谅"。不出所料，回答我的又是沉默，但是他交叉的双臂终于松开了。好像不那么抗拒了，当然我也愿意慢慢等他打开心扉，在咨询中，安静的陪伴也是很大的力量。过了一会儿，他说："我需要想想'原谅'对我来说代表什么。可能我现在并没有答案，可以下次来时再告诉你吗？"

"当然。"我微笑着说："我会在这里等你。"

对我来说，我一直希望来访者能在咨询结束之后带着放松一点的心情离开诊室。探索自我并不一定伴随泪水和汗水，就好像黑夜明灯一样，探索自我的过程也会点亮曾经存在的、可能已经被遗忘的美好回忆。**乐趣和好奇是驱动我们人类探索的动力，反思内心也是一样的**。哪怕心中万分苦楚，也总能在回忆里和咨询中找到好奇，这是我希望看到的。

在接下来的几次咨询中，我们谈论了"原谅"的意义。探讨了"原谅"对于他来说究竟是放下过去，还是对即将死去之人的一种怜悯，甚至是最后一次的炫耀——"你看，没有你我也过得很好"。

我们讨论了父母的不完美，也讨论了自身的不完美，并且达成了共识——这个世界上完美的人根本就不存在。我们需要接受自己的不完美，这也能帮助我们更能体会父母的不完美，特别是帮助思考他的父亲曾经犯过的错误以及对他造成的伤害。

我们还谈论了被抛弃所带来的痛苦，探讨了他内心依然存在着的"我不值得被爱"的限制性观念。虽然这几年他工作十分出色，也在工作中得到了想要的尊重，但因为曾经被抛弃过，所以不会被全心全意爱上的想法还隐隐折磨着他。在经历痛苦的成长过程后，虽然只是为了争气，但他也获得了事业上的成功，有着一份光鲜的履历，得到了大家的尊重。我带着心疼说："你值得全身心的爱，现在我希望你能为自己而活，为自己骄傲。"

在后续的咨询里，他对我说："如果有一天我选择结婚，我希望自己能够首先做到真正地爱自己，然后才去打造健康的家庭。"这样的觉悟真的来之不易。

原谅伤害自己的人的方式有很多，心理学上也对此做了相当多的研究。

早在 1997 年，心理学研究就表明，"原谅"伤害过自己的人能够帮助人们收获内心的平静[①]。因为愤怒也是非常内耗的一种情绪，当我们内心充满愤怒的时候，大脑就没有更多余的能力去分析如何解决问题。同时，因为人的精力是有限的，过于专注愤怒也更有可能让我们觉得自己是被害者，因此掉入"受害者陷阱"，变得更为被动。

要知道，指责别人远远要比看清自己容易得多。

当然，如果能正视愤怒，勇于改变，那愤怒也是一种积极能量。但是大部分人，受到中国传统文化影响，更提倡"泰山崩于前而色不变"，很多人处理愤怒的方法就是压抑情绪。

① FREEDMAN S R, ENRIGHT R D. A Manualized Forgiveness Therapy for Incest Survivors［J］. Psycextra Dataset, 1997.

早期的心理学理论就曾经说过，不能被发泄的愤怒，将会演变成抑郁[①]。

对这个来访者来说，对马上要去世的父亲展现他的愤怒，他自己也做不到。咨询中他发现，当谈论到父亲时，他依然对父亲存有愤恨和纠结。但事已至此，对垂死的人表达曾经受过的伤害，他也觉得没有任何意义。

如果是你，你会选择原谅还是不原谅呢？

我的回答是，原谅不原谅，只是一个选择题，没有正确答案。但正是因为这个选择题，给他提供了一个正视自己痛苦的机会。也许只有承认自己受到过伤害，他才能真正直面自己的伤口，才能对自己的成长历程有更多的尊重。

我们一直被生活的洪流所裹挟，匆忙地往前走，一路走来已艰辛不易，能够停下来对自己进行反思的机会并不多。但如果你有机会回头看一看，就会真正明白自己的不容易。拿

---

① LUUTONEN S. Anger and depression—Theoretical and clinical considerations [J]. Nordic Journal of Psychiatry, 2007, 61（4）: 246–251.

这位来访者举例，通过咨询，他知道自己并没有真正放下过去，而且也一直被过去的伤害影响着，他害怕爱别人，也不觉得有人会全心全意爱他，这些都是需要他在将来一项一项去面对和克服的。

同时，这次回顾也让他更加清楚，这一路走来，他从来没有放弃过自己。他在母亲过世之后，不仅独自奋斗，努力读书，好好工作，更是为自己打造了一个舒适圈，实属不易。

大多数人都是如此，走在生活的路上，可能会摔跤、迷茫、害怕，特别是在缺少亲人支持的时候，这种孤单感、无助感会更强烈。但好在，我们终将跨过伤痕，越过痛苦，成就现在的自己。后来，来访者还是选择去见他父亲的最后一面。不是为了"原谅"，而是为了让自己心安以及不留遗憾。他对我说："我想让他知道，我现在很好。"

他又想了一下，然后补充说："这好像也是为了证明给他看，'他的缺席并没有打倒我'。"

抚平过去的伤口绝对不是一件容易的事，而是像愚公移山

一般困难。但是一旦开始反思自己的内心，我们就可以看见一些改变。

咨询快结束的时候，他问我："如果选择不去见父亲最后一面，我会被指责吗？"

我当时回答道："现代心理学里，一致主张的是尊重个人意识，每个人的内心挣扎和最后结出的果实，都值得被尊重。'原谅'这个行为，不是为了别人，而是为了自己，不原谅也不等于冷血，每个人面对曾经的创伤表现都不同。"

尹博士心理小妙招

- 在面对生活中极大痛苦的时候，勇敢面对固然很棒，逃避也并不可耻。

- 要学会听从自己的内心，原谅自己的无力面对和决定去面对，就是对曾经被伤害的自己最大的呵护。**敢于面对内心的你，就是最棒的。**

你比自己想象得更强大

青少年的抑郁症发病率在过去几年呈现高速增长。根据 2020 年的抽查，我国青少年抑郁检出率为 24.6%，其中重度抑郁为 7.4%。与此同时，《2022 国民抑郁症蓝皮书》指出，抑郁症发病群体呈年轻化趋势[①]。

新冠肺炎疫情三年对全世界产生了巨大的影响。心理学家发现，对许多青少年来说，他们规律的生活和学习环境发生了天翻地覆的改变，对青少年人际关系造成了非常重要的影响，这也是导致青少年抑郁的诱因之一[②]。

---

① 徐伏莲，黄奕祥. 青少年抑郁症状研究进展［J］. 中国学校卫生，2013，34（02）：255-256.

② ZHANG C，YE M，FU Y，et al. The psychological impact of the covid-19 pandemic on teenagers in China［J］. Journal of Adolescent Health，2020，67（6）：747–755.

青春期一般是指一个人的12~19岁阶段①。在这段时间里，青少年的身体和思想都会产生巨大的变化，他们对社交的渴望变多，对别人的评价也变得敏感，但是他们又缺乏成年人的智慧和经验去面对这一切。如果缺乏家庭、学校和朋友的支持，那么抑郁也可能由此滋生②。而社交媒体的普遍化，让青少年在寻找自己性格的路上遇到了更多的障碍，这些都是不可避免的压力和困境③。

我主治的是成年人的抑郁、焦虑和创伤后遗症，但是偶尔也会有例外的时候。

那天在诊所里，我接到了一个来自国内母亲的电话。她当时焦急万分，由于新冠肺炎疫情，她不能获得陪读签证，而她17岁的儿子独自在英国读大学一年级。因为刚来英国不

① SELIGMAN M E, RASHID T, PARKS A C. Positive psychotherapy.［J］. American Psychologist, 2006, 61（8）: 774–788.

② MARS B, HERON J, CRANE C. Clinical and social outcomes of adolescent self harm: Population based birth cohort study［J］. BMJ, 2014, 349（oct20 5）.

③ AUERBACH R P, EBERHART N K, ABELA J R. Cognitive vulnerability to depression in Canadian and Chinese adolescents［J］. Journal of Abnormal Child Psychology, 2009, 38（1）: 57–68.

久，英文还不够流利，出于种种原因，孩子已经一个月没有上学了。他的老师不久之前通过电话告诉他母亲，说她儿子的抑郁症状已经很严重了。身在国内的母亲通过各种途径找到了我，让我千万要想办法帮帮她的儿子。远在异国的母亲，情况糟糕的孩子，且当时又正值新冠肺炎疫情之中，让我很难拒绝这位母亲的要求。于是我通过学校联系到了这位少年，并且确定了他本人也有咨询的意愿。

确认本人的咨询意愿非常重要，哪怕他是一个未成年人。**因为心理咨询绝对不能越俎代庖，本人的意愿代表改变的动力来自他自己，而这种动力则是心理咨询中最为重要的心理资源之一。**

他来到诊所的时候充满了颓废的气息，半大的少年胡子拉碴，头发也好像很久没有洗过了。他坐下来的第一句话就是："我好后悔来英国，每天都是网课。我一个人在宿舍里，连练习口语的机会都没有。看着网课的大屏幕以及满屏的人头，我根本听不懂也没有机会提问。我现在就根本不想听课，想回国也回不去。尹博士，你说我应该怎么办？"

看着他一脸颓废的样子，我心疼地说："我明白你的感受，就好比我也非常不喜欢视频咨询，总是觉得缺少了一些面对面的温暖感觉，但是我也正在想办法适应。我想让你知道，现在整个世界正和你一样挣扎着，但是我们总要找到方法来面对和度过这段困难的时期，对不对？如果并不能解决问题，只会让你越来越想放弃，不是吗？"

"可是我觉得自己真的撑不下去了。在这里，我没有朋友，没有家人，也跟不上学习，白白浪费了这么多学费。"

"如果我没有猜错的话，这是你目前人生中面对的最大挑战吧？"我问道。

他毫不迟疑地说："当然啊，在来英国之前家里都帮我安排好了，我只要读书就可以了，我还有许多朋友。现在我倍感孤单，朋友都在国内，家人也爱莫能助，我真的不觉得自己有勇气坚持下去。"

不可否认，这样的经历对他来说确实是一个很大的挑战，也会带来创伤。但是，创伤其实也可以带来成长。

　　2012 年一项美国的心理学研究表明，一些曾经经历过创伤的人们，在人生低谷之后反而能够得到心理上的成长 ①。这种现象在心理学上被称为创伤激发性成长。人们从创伤中得到独立性，更加珍惜和家人的关系，更加珍惜当下，发展出更积极的世界观，同时也发掘了自己更大的可能性。所以，咨询中我们也开启了创伤之后的探索。

　　"虽然现在很痛苦，但是你是不是比在父母身边更独立了？"我问道。

　　他哭笑不得地说："确实，至少我现在做饭水平有了质的飞跃。"

　　"你还开发了其他隐藏技能吗？"

　　"因为怕挂科，我不得不和同学们一起分享课程笔记，也算认识了一些'难友'吧，社交能力确实提高了，而且和大家分享之后，我会觉得不只我一个人觉得辛苦，大家都蛮难的。"

---

① CALHOUN L G, TEDESCHI R G. Posttraumatic growth in clinical practice, 2012.

"所以，你失去了很多，也收获了一些，可以这样理解吗？"我说。

"你这么说好像也有道理。"他想了想回复说。

"疫情终究会过去，你的成长只属于你，虽然你现在还不能完全感受到，但是你的这段成长经历会变成你以后的人生勋章。"

经过几次咨询之后，他开始给所在大学的校报投稿，标题是"如何在疫情中处理抑郁情绪"。这篇文章让他收获了不少积极的评价，他的自信心也增强了很多——看，活学活用是真的很厉害呢，我真心地恭喜了他。他的经历告诉我们，人们内心自然有向上的力量，这种动力非常美好。我们心理上的弹性也是远远超过我们的预计的，这些需要我们自己加以认识并重视。

在青少年时期，人们虽然情绪波动相对较大，但是他们有着比很多成年人更多的开放性和主动性。**开放性，代表着好奇和生命力，还有面对生命转轨时充足的自信。**当他们在生活中遇到一些不可控的挫折的时候，如果他们逃避，并且愿意保持思考，就相当于已经跨出了最难的一步。

而在青春期时人们的主动性更充沛，哪怕遇到"天灾"，他们也可以用主动的态度面对。主动寻求帮助，主动了解自己，主动探寻意义，主动反思，这些都可以助长创伤激发性成长。这种心理能力在青春期一旦得到锻炼，就会成为人们成年后的保护伞。

每一代的青少年都有各自需要面对的问题和困扰。他们很敏感，他们会迷茫，他们会失落，他们会害怕，他们要探索，他们也有激情，但是最重要的是，他们需要被父母和身边的成年人理解。

挫折可以变成经验，也可以带来勇气，使人拥有更强的抗压能力，无论世事如何变化，抗压力都是必不可少的技能。孩子的飞翔需要家庭和环境的助力，相信孩子，相信家庭，孩子们就会变成有担当的成年人。以下尹博士心理小妙招献给那些也许正在经历青春期困扰和可能有抑郁症的同学以及他们的父母。

尹博士心理小妙招

写给青春期备受困扰的同学们：

- 对网络的依赖要尽量减少。要知道，你的成长经历属于你自己，那是你人生中最珍贵的礼物，你无法完全依照模板复制别人的生活。

- 和好朋友多交流你们之间的困扰。这样你就可以知道，并不是只有你一个人在面对青春期的各种烦恼。

- 多去找可以相信的成年人聊聊。你正在长大，但是人生路漫漫，有个有经验的人指导可以帮你少走很多弯路。

写给青春期的父母们：

- 请耐心并且不带批判地倾听，让孩子感受到你的尊重。这对他们的自信有着莫大的作用。

- 请表达对孩子情绪波动的理解，不要搪塞并且贬低他们的情绪。这样才能顺利建立沟通渠道，让孩子愿意对你倾诉。

- 请放下高高在上的态度，和孩子分享自己的成长历程。毕竟每个成年人都是从青春期里走过来的，作为父母，你也挣扎过，这种分享是对孩子最大的肯定。

- 请全家齐心协力，关注孩子的情绪问题，给予孩子最大的支持和陪伴，同时经营好整个家庭的氛围。青春期需要孩子的成长，同时也需要父母的成长。这种共同成长有助于增加亲子关系的黏性。同时请相信，以身作则比说教更有力量。

CHAPTER

2

第二章

你的情绪需要包容

打开你的情绪密码

不得不承认我们的很多心理问题都是由各种不同的情绪引起的。之所以抑郁、焦虑等心理问题频发，是因为一些人不知道如何处理和安放自己的情绪。

听到这么多的情绪导致的问题，大家会不会对情绪产生抗拒心态？毕竟人生已经足够艰难，还有这么多情绪来捣乱，情绪的存在真的有必要吗？现在 AI 技术已经日新月异，没有情绪的机器人是否会效率高很多？将来的我们是否也会"进化"成没有任何情绪的人呢？

在一次咨询里，我的来访者就发出了这样的疑问。

她说："尹博士，有时候我觉得自己快要被情绪给累死了。我真的很希望能去除所有的情绪，这样我就可以高效地生活和工作，也不会有任何烦恼了。"

我笑着回答："你这样的'一刀切'想法，可真的太浪费人类辛辛苦苦进化而来的情绪密码了。"

"情绪密码？那是什么东西？"她好奇地问。

"你要知道，在现代心理学理论中，任何情绪，都是一种信息，是一种潜意识用来和我们内心沟通的密码①。"

说到这里，她好奇地追问："比如呢？"

我回答说："每一种情绪都有着自己的行为机制，是潜意识对你的一种沟通，它能反映你的自我需要。例如悲伤，这种情绪是提醒我们让心情慢下来，因为悲伤使我们对周围的人和事情失去兴趣；但是悲伤的作用在于告诉你自己'我受伤了，我失去了'，所以悲伤所传达的自我需要就是：要

---

① BUCK R. Emotional development and emotional education［J］. Emotions in Early Development，1983：259–292.

给自己疗伤的时间和空间。如果能够用相对快的时间来解读悲伤的情绪密码，那么其在发展成长期抑郁的可能性就会低一些。"

她似乎明白了，说："怪不得我一难过就很想把自己封闭起来。"

"是呀，那也是一种自我修复过程。"

"同样，害怕或者焦虑也是如此，害怕或者焦虑的行为机制是让我们'快跑，快逃避，快躲开'。这种情绪的作用是在告诉我们'前路很黑暗，敌人未明确'，而传达的自我需要是'注意安全'。如果我们长期生活在一个焦虑、恐惧的环境里，这种情绪的反应会特别激烈，此时需要我们自己解读并寻找方式去应对。"

"愤怒虽然也是一种非常不受欢迎的情绪，但是它同样不可或缺。愤怒是为了让我们做好'战斗'的准备。更重要的是，愤怒是设立边界时不可缺少的情绪力量。比如我们正在面临一些不公平的事情，这让我们愤怒。而愤怒也会让我们想尽办法保护自己，如果我们失去了愤怒的力量，则可能会像蚂蚁一样被践踏。"

"羞愧同样不受喜欢，这种感受让我们的内心极其纠结、不安，但是羞愧的情绪是在传递'我想要藏起来，我不想要被看见'的信息，以这种情绪对自己相当于在批判自己、否定自己。类似在说'我做错了，我让大家失望了'，但是只有了解羞愧，跨过羞愧，我们才能够接受真实的自我。"

"内疚，试问谁能逃过内疚的'折磨'呢？但是内疚的情绪密码在于让我们面对问题，或者努力获得原谅。内疚传递的信息通常是'抱歉，我可能伤害了你，正因为如此，我也很难过'。这种情绪是在告诉我们，或许需要被原谅和重新被尊重的那个人是我们自己。了解内疚情绪的根本来源，也可以让我们更清楚地决定要不要由内疚来主宰自己的心情，因为有时候，我们内疚的并不是我们自己犯的错误。"

"愉悦也是一种情绪。愉悦能带来巨大的满足感，这种满足感能让我们想要去做更多类似的事情。愉悦就好像一顿心理上的大餐，这是一种非常有力量的内在驱动力。"

最后，爱也是一种情绪。爱让我们愿意去照顾，去共情，去表达友善，去保护。爱也可以让我们建立和自己以及其他人的亲密关系，让我们在茫茫人海中不再感到孤独。爱是雨后的彩虹，爱是乌云的银边，爱是我们爱这个世界和自己的原因之一。爱给我们希望，给我们勇气；爱让我们觉得特别，使得我们勇往直前。但是只有经历过悲伤、愤怒、羞愧、内疚，我们才能体会爱的珍贵。没有那些让人痛苦的经历，我们也不会珍惜宝贵的爱。

美国西北大学心理学教授丽莎·费德曼·巴瑞特（Lisa Feldman Barrett）曾经写过一本心理科普读物，中文版名字叫《情绪是如何产生的》①。她认为，能够清晰地明白情绪的来源，可以帮助我们更好地打造自己的情感体验。情绪的细节，情绪的发展，情绪的威力，你如果能都了解，那么它们将变为一种独特的属于你自己的力量。你完全可以成为情绪的主人，而不是被情绪带着走。

---

① BARRETT L F. How emotions are made：The secret life of the brain［M］. S.l.：PICADOR，2020.

她的研究还表明，那些能够明白痛苦来源的人，相比于经常逃避痛苦情绪的人来说，对情绪的控制力量可以高 30%。

了解自己情绪的人，有着更健康的心理防御措施，不容易对各种不良习惯上瘾，或者对别人乱发脾气，他们能够对自己的情绪负责，也更能够共情身边的人。**越能够轻易地察觉和破解自己内心密码，越代表你拥有高的情绪处理能力，即拥有高情商。情商高的好处是被现代心理学认证过的**[1]。

情绪，从心理学上来说，有三大无可比拟的作用[2]。

第一，情绪是一种沟通工具。我们的表情是微笑还是厌恶，我们的声音是冰冷还是温暖，我们的身体语言是打开还是拒绝，都由情绪主导。当我们将情绪的开关关掉时，这些交流就失去了真诚。没有了真诚，我们也就失去了真心面对

---

[1]　DULEWICZ V, HIGGS M. Emotional intelligence – A review and evaluation study［J］. Journal of Managerial Psychology, 2000, 15（4）: 341–372.

[2]　LEDOUX J. Cellular and Molecular Neurobiology, 2003, 23（4/5）: 727–738.

他人的能力，随时戴着面具的生活是一种巨大的内耗以及对自己的不认同。

第二，情绪是行动的发动机。 每一种情绪背后都带着推动我们前进的力量，我们的情绪要比身体更早对周围的环境有反应。比如害怕，会让我们在险恶的环境下准备作战或者逃跑；悲哀，则是在提醒自己需要疗伤和治愈；愤怒，则会让我们更有力量来保护自己。如果我们没有这些"负面"情绪的保护，我们会失去边界，会任人欺负，会罔顾危险，甚至将自己置于险境，导致出现更严重的心理障碍。

第三，情绪可以满足我们内心最柔软的需要。 对爱和温暖的渴求，是被深深烙印在我们基因里的。机器人可能效率确实高，但是机器人之间不可能有情感连接。如果忽视自己的情绪，我们也不可能真正去爱、接受和理解自己，更不可能去爱、接受和理解别人。一味压抑自己情绪的人，并不是没有弱点，只不过他们谁都不在乎，也不在乎自己罢了。所以有句话叫"美则美矣，毫无灵魂"。情绪，就是属于我们自己的灵魂。

情绪的重要性，在后来的咨询里我一一对我的来访者进行了解释。她开始懂得珍惜自己的各种情绪，也对自己更加了解了。

事实上，我们能够拥有的情感体验，远远比上面提到的这些基本情绪复杂得多。

我们所有的经历和体验，对世界的感受，全部都藏在情绪密码里。情绪的意义，是只有你才能赋予的独特花语。我们要珍惜这朵对我们来说独一无二的花。要用耐心和细心来灌溉、倾听，让它绽放属于我们自己的光芒，照亮我们前进的路途。情绪的意义正在于此。

尹博士心理小妙招

- 我们之所以害怕负面情绪，很大一部分原因是认为自己不能控制这些负面情绪。但是痛苦或者煎熬的情绪并不是洪水猛兽，用围堵打压的方式是不可能占上风的。**我们需要的，是倾听自己的内心和保持足够的耐心。**

- 人会有各种情绪，就像会有各种天气一样。生而为人，各种体验都是珍贵无比的，大部分也是我们需要认真面对的。明白内心情绪，坚持自己的价值观，尊重自己的感受，这些都是非常有力的生活盾牌。对外，要学会设立边界保护自己；对内，要学会不去伤害、贬低、轻视自己。

- 情绪如同天气，与其害怕阴天和雨天，还不如记得出门带伞。接受情绪，我们方能看清自己所处的真实情况，决定下一步的行动。人生的风景并非只有一种，不经历风雨，怎能见彩虹。

自信源于认可自己

心理咨询中，经常遇到来访者问我："如何能让我变得更有自信？"

确实，"自信"的人历来特别受欢迎。但是，有自信就会有自卑，我好像从来没有遇到过来访者来询问我："我应该如何面对我的自卑。"

我们都天然地认为，"自信"是一个褒义词，"自卑"则是贬义词。我们赞美自信，渴望自信，然后拼命掩藏自卑，仿佛自卑是一堆霉菌，谁都不想触碰，看到也会假装没有看到。可是，一味掩耳盗铃，自卑就真的不存在了吗？努力隐藏自卑，它就会没有痕迹吗？当然不是。我的一个来访者生动地展现了隐藏自卑将会带来什么后果。

第一次来预约时，我就看见他在对前台秘书大声吼叫，原因是当他进门后，前台秘书在接电话，没有马上接待他。他嚷嚷着要投诉，可怜的前台秘书手足无措只能好好安抚。我正在暗自腹诽他没有礼貌的时候，好巧不巧，他的心理咨询师正好安排到了我。

他第一次来问诊就非常有戏剧性，他走进诊室就带着挑衅的口吻问道："你博士是哪里毕业的？工作几年了？有什么专业资格吗？"他的挑衅反而让我看出他需要凭借树立权威来做出强势的姿态。

我只是微笑了一下："与其'拷问'我的资格，不如先来听听你来这里寻求帮助的原因吧。"

他瞪大了眼睛看着我，就好像从来没有人会反驳他一样。他说："我管理着有上千人的公司，是名总裁，几乎没什么人拒绝回答我的问题。"

我礼貌但坚定地反问："那么，如果有人拒绝你了呢？结果会如何？你会让他们觉得害怕吗？"

他似乎被我的问题问愣了，想了半天才回答说："是的，他们会害怕的。"

"那么，别人的害怕对你来说意味着什么呢？权威？恐惧？你是在享受别人的害怕吗？那么如果对方不害怕你，你的反应又会如何？你是不是会害怕别人呢？"我紧接着追问。

他忽然间哑口无言，我似乎一下子戳到了他的敏感点。他有点气急败坏，把声音提高了两度，用几乎吼叫的声音说："我为什么要害怕？我不害怕任何人！"

"那你就是害怕自己？毕竟人人都有弱点，不然你也不会来这里咨询。"没想到这次咨询介入得这么快。

这时候他的模样近乎有点狼狈了。为了不让他的戒备心提高，我语气缓和地说："不用担心，我们不需要害怕彼此，而是需要一起来耐心面对你内心的问题。这对你来说可能会有点困难，不过最起码我们已经开始尝试了解彼此了。"

前两次的咨询中，他非常抗拒袒露自己的内心，我只能非常耐心地慢慢询问他的一些成长经历并努力建立起他对我的信任。在几次咨询之后，他终于开口对我说："我需要大家害怕我、遵从我，因为如果不是这样，我就不知道怎么去体现自己的存在感。"

"为什么你会觉得这样才是获得存在感的唯一方法呢？"我好奇地问道。

"因为我父亲就是这样的。"他终于吐露了他的心结。

"我父亲来自一个贫困的家庭，他凭着自己的努力考进了剑桥大学。也是在那里，他遇见了我的母亲。母亲的家庭非常富裕，父亲和母亲的结合受到了来自母亲家族的强力阻拦，结婚之后父亲可能担心母亲的家庭会因为他的贫穷背景而被瞧不起，所以处心积虑要表现出高人一等的样子。他每天端着架子，遇到一点点不满意就暴怒，想让大家害怕他。"

"原来如此，所以你才会觉得暴怒或者威严是展现存在感的唯一办法。那时候的你快乐吗？你的母亲快乐吗？"

"你猜对了，我并不快乐，我的母亲也因此离开了我的父亲。"他看着我，无奈地苦笑。

我注视着他，对他说："父母之间的情感关系通常是我们建立自我情感关系的原始模板，从你父母的关系中，你看见了愤怒，但是你并没有从中学会如何让别人尊重自己，不是吗？暴怒和威严，也许会带来存在感，但同样也会让亲密关系枯萎。这种错误的情感表达方式，其实就是你缺乏自信，也就是自卑的一种表现。你需要知道，不树立权威，你同样会被听见和尊重。"

在之后的咨询中，我慢慢向他展示了虽然我不惧怕他，但是我依然尊重他。他发觉自己其实并不需要对我大吼大叫，因为我会记得他咨询中说过的每个细节，并帮他反复推敲和分析这些细节。

在最后一次的治疗中，他非常真诚地对我说："对不起，我之前对你很粗鲁，我小看了你。"

我微笑地说："你并没有小看我，其实大多数时候你不需要借用愤怒彰显存在感，其他人一样会重视你。"

暴怒，在很多时候是人们对自己被重视度的一种偏执，一些人觉得不发怒就没有人听从自己的指令。他们空荡荡的内在支撑着一个张牙舞爪的假面，其实他们内心十分虚弱。

如果你身边存在经常贬低他人、热衷表现各种优越感的人，那么这个人也很有可能是自卑的。

互联网的兴起，让人们的隐私无处遁形，生活里的方方面面都变成了可以展现自己的舞台。但这种360°无死角的展示可能也会造成巨大的内耗。人们明艳光鲜的背后，反而可能是对自己的不自信，这种需要通过和他人比较的方式才能得到的自我认同效果是短暂的。

从心理学上来说，优越感也是人们为了摆脱自卑而产生的一种不健康的防御机制 ①。皇帝的新衣就是一个著名的关于优越感的例子，皇帝以为自己穿了华服，实则一丝不挂。

当然，除了这些假面，自卑还会以一种熟悉的方式出现在

① VAILLANT G E. Defense mechanisms [J]. Encyclopedia of Personality and Individual Differences, 2020：1024–1033.

我们身上。比如，不自觉地讨好他人，怀疑自己做得不够好，总是讨厌自己，对别人的评价异常敏感，经常会怀疑自己做的每个决定，经常道歉，觉得对别人说"不"很困难[1]……

无论是何种方式的表达，自卑说到底是对自己的不接受。可是，如果连自己都不能接受自己，你又如何期待这个世界接受你呢？

当世界对你冷眼相对时，你能否认识到自己的价值？你能否看到自己身上的好品质？你能否为自己感到自豪？还是，你觉得自己只是一个失败者？

你的内心对自己是讨厌还是喜欢呢？心理学中著名的莫里斯·罗森伯格（Morris Rosenberg）自尊心调查表（Self-Esteem Inventory）[2] 可以让大家更了解自己是否存在自卑问题（详见本书结尾附录部分）。

---

[1] FENNELL M J. Low self-esteem ［J］. Encyclopedia of Cognitive Behavior Therapy：236–240.

[2] ROSENBERG M. Rosenberg self-Esteem Scale ［J］. Psyctests Dataset，1965.

最终，我们要知道，自信源于你认可自己，而不是别人是否认可你。自卑会以各种方式表现出来，它会让你看不清自己，最后使你失去改变自己的机会。人们为何会自卑？正是因为害怕面对真实的自己。人们越是假装，就越缺乏看见自己的勇气。

想要得到真正的自信，首先你应该看见自己。

成长过程中的各种被质疑，都有可能让自卑伴随我们。过去无法重演，我们可能终其一生都需要为过去的经历而挣扎。无论经历如何，状态如何，远离自卑都是我们可以尝试和努力的方向。

哪怕没有得到小时候自信这副"黄金战甲"，也不代表我们不可以自己打造。希望以下尹博士心理小妙招能够帮助大家提高自尊心，每天进步一点，打败自卑感，使你真正喜欢上自己。

尹博士心理小妙招

- 注意体态。身体的反应背后通常都存在心理暗示。当你感觉不安全时，会下意识地蜷缩，而自卑的一种身体反应就是缩手缩脚，将身体舒展开，能帮你迅速走出自卑的状态。

- 面对突发事件时，多等待一会儿，而不是马上反应（可以尝试 30 秒后再回复）。也许别人并没有对你冷眼相待，而是你下意识地"觉得"自己被攻击了，所以，多一些等待，学会倾听对方的表达，能让你听清楚内心的真实反应，留足思考的余地。

- 对自己更包容。你和自己是敌是友，都在一念之间，而这一念，也许可以带来天大的改变。

把期待变成动力

每个人都期待自己的人生能够变得更美好、更安康、更富足、更和谐。但仅仅通过期待就可以实现我们心中的目标吗？今天我想从心理学角度来谈一下期待值，特别是不现实的期待可能带来的伤害。

美国作家安妮·拉莫特（Anne Lamott）曾经说过："期待是怨恨的催化剂。"仔细想想我们的生活，就会看到这句话正在被不断验证。无论是对别人的期待（对伴侣、父母、朋友等），还是对自己的期待（一定要马上瘦，一定要马上美，一定要所向披靡，一定要立刻升职等），它们大都为我们带来了不同程度的失望，从而使期待变为怨恨的基础。

期待和行动力、主动性，并非完全相同的概念。期待和童年时期的全能自恋有着密切联系，大多数成年人仍存在童年经历导致的"主客观意识模糊"思维。

孩童时期，由于主客观意识的模糊，人们会认为自己的想法拥有至高无上的能力，可以尽数实现。著名的成长心理学家皮亚杰（Jean Piaget）早在研究儿童心理学时就发现，孩子们会经常分不清楚客观现实和主观意识间的不同。他们甚至觉得自己是无所不能的，因为只要他们一哭闹，就会有人来满足他们的需要。这也是大家可能听说过的婴儿的全能自恋。

根据皮亚杰的理论，这种对自己主观意识的扩大，会让孩子觉得他们的想法有着无上的能力。比如，和另一个小朋友吵架之后，对方摔倒了，那么这个孩子会觉得对方摔倒是因为自己生气了；又或者父母吵架了，孩子也会有那种是因为我做错了什么，他们才吵架的想法。皮亚杰称这种**"一切都是因为我"**的想法为"魔法思维"。皮亚杰认为，随着孩子的成长以及社交生活的发展，在 7 岁左右，孩子慢慢会减少这种**"我可以掌控世界"**的想法。

但事实上，很多人哪怕成年了，也依然有这种想法。

也许我们内心或多或少都住着一个小孩子，虽然现实一直在不断锤炼我们，但我们还是会期待"奇迹的诞生"。这就是为什么我们忍不住去期待，同时暗自渴求自己希望的一切可以如愿。但是我们也不要忘了，年幼时的我们，其实没有足够的资源和能力去改变环境，能够依靠的只有"魔法思维"。而作为成年人的我们则要明白，最终能够带来改变的，不是**"我想要"**，而是**"我要去做"**。

成年的我们，要学会管理好自己的期待，因为当我们把期待放在别人身上时，带来的问题就更多了。

美国宾夕法尼亚州立大学在研究社交期待值时发现，在社交关系中夹杂着诸多类型的期待，很多时候人与人之间的期待会演变成隐形的社交规则 ①。

---

① BEDIAKO S M, FRIEND R. Illness-specific and general perceptions of social relationships in adjustment to rheumatoid arthritis：The role of Interpersonal Expectations［J］. Annals of Behavioral Medicine, 2004, 28（3）: 203–210.

我有一名来访者最近升了职。但正因为这次升职，她和一个十几年的好友的友情产生了裂痕。她对我说："我以为我们会在人生路上彼此鼓励，没想到她竟是这样的人。前几年因为她失业，我一直努力帮助她，除了听她诉苦，还帮她联系猎头，后来她终于找到了新工作，我很为她开心。但是当我把升职的消息告诉她的时候，她反而只是冷冷地回了一句：'你确定你准备好了吗？我觉得你资格还不够。'我当时觉得很受伤，很失望。"

在我的来访者看来，她和朋友之间的"隐形社交规则"是——我为你付出了，你也应该会为我的成就感到快乐，而她的好友可能并不这么认为。这种错位的社交规则界定，导致来访者的期待落空。其实在生活里，这种期待落空的现象非常常见，在伴侣关系之间也是一样的。

有一对伴侣来咨询婚姻问题，问题类型也是彼此期待之间存在落差。在孩子出生之后，妻子辞去了工作，当起了全职妈妈。她内心其实非常不舍得自己在工作上辛苦取得的成绩，但她同时也知道这是自己必须为家庭作出的牺牲。在内心，她期待丈夫会看到，从而感激她的付出。但是她的付出并没有被丈夫理解和认可，她对家庭的付出一次次被丈夫忽略。这让她心态崩塌。在一次吵架之后，丈夫居然对她说："你每天在家没事做还和我吵架，真是闲出来的。"这句话让妻子彻底寒了心。

在夫妻咨询中回忆这一段的时候，妻子一直在哭。她说："我以为你会理解放弃工作对我来说有多么困难，看到以前的同事事业蒸蒸日上，我心里会不是滋味，你甚至觉得我在……我尽心尽力为家庭付出，我以为你会感激我。我对你真的非常失望。我无法不埋怨你。"

听完妻子的哭诉，丈夫也是一脸苦闷，因为他确实没有想到，妻子的内心经历了这么多的痛苦。

朋友也好，伴侣也罢，如果我们不把自己对她们的"期待"沟通清楚，那么这种隐形的、自以为是的社交规则，很多时候就不会被对方理解，期待会落空则是必然的。

在咨询之后，妻子明白了将需求表达出来的重要性，不能暗自期待对方可以看穿自己的内心，并自动自觉地遵守

"隐形社交规则"。**想做到这一步，我们首先还是要了解自己的真实需要，并且愿意接受改变生活的代价。我们不可能期待每个人都能够理解我们，但是我们一定要了解我们自己。**

尹博士心理小妙招

- 对内，我们要把期待变成目标。目标，是可以被掰碎了一步一步吃下去的。而期待是被动的，哪一个更容易实现，答案不言而喻。开放性和主动性是抵御无力感的利器，我们可以不期待"大饼"，不期待骑士，不期待有人可以出现并且改变你的生活，因为比期待更重要的是你自己，现在你就可以转动命运的巨轮。虽然你可能无法马上找到新的方向，但是路在走时才会出现在脚下。

- 对外，需要我们设立内心边界，不断去向外界表达、沟通自己的意愿。只有把一些隐形的社交规则放在台面上讨论，我们才更有可能知道对方内心的真实想法。

不好好沟通的感情，无论是友情还是爱情，都是短暂的，毕竟我们都没有读心术。我们在时刻成长，要及时沟通，这样期待才有可能不落空。

别让羞愧感控制你的生活

大家在生活中，有没有体会过以下感受。

- 常常觉得自己不够好。

- 觉得自己可以做好一切，否则就是对自己没要求或者标准过低。

- 总是担心自己会让别人失望。

- 觉得人生中每一场竞争自己都应该获胜，失败则说明自己能力不足或软弱无能。

- 总是对生活带着一丝胆战心惊，少一份心安理得。觉得自己才/德不配位，随时会被别人发现是冒牌货。

- 觉得任何成功都来自运气，而失败则是因为自己能力崩塌；在被表扬时坐立难安，很难接受哪怕是真心的赞美和赞赏。

- 过度在乎别人的评价，经常"委曲求全"。

如果你对以上描述感到一丝的熟悉，那就可能是你潜意识里的羞愧感在作祟。

心理学中，羞愧感属于一种自我察觉的心理情绪 [1]。所谓自我察觉的心理情绪，通常是指那种让我们感觉到自己跟别人是不一样的情绪。这些情绪以负面的居多，包括羞愧、内疚、嫉妒、窘迫等。当然，可能也会有骄傲 [2]。其中羞愧给个体带来的负面感受最大，也最持久。心理疾病上的很多症状，比如焦虑、抑郁、饮食失调症等，都是羞愧感在作怪。

曾经有一个来访者是英国的印度裔第二代移民，她干练且精致、工作效率高、能力强，不到 30 岁就已经是一家金融公司的高级销售经理了。作为前途无量的职场人，她在工作上一直被大家"夸赞"很有冲劲，她为人也比较强势。

但"强势"也正是她来咨询的原因。

---

[1]　SCHEFF T J. Shame in self and Society [J]. Symbolic Interaction, 2003, 26（2）: 239–262.

[2]　LEWIS M. The self-conscious emotions and the role of shame in psychopathology [J]. Handbook of Emotional Development, 2019: 311–350.

第一次来咨询的时候，她穿一套非常合身的、定制的西服工作套装，妆容也恰到好处，连微笑都仿佛精心排练过，温和但有力量。以我多年的咨询经验，像她这样完美的人通常伴有一些过度紧张的问题。她走进诊室笔直地坐下，她的坐姿更是让我确定了自己的想法——她应该是一个很在乎别人评价的人。

我忍不住说："在这里，你可以稍微放松一点，我不会评价你的。"

她仿佛松了一口气，看着我说："我是不是看上去太紧张，太强势了？"

"老实说，我只是觉得你看上去有点紧绷而已。为什么你会觉得自己很强势？"我问道。

"每个下属都这么说我，包括其他团队的一些经理也说我太强势，不是特别容易合作。可是你知道吗？我们团队的销售压力非常大，所以为了业绩满分我就不太可能顾及每个人的感受，但是我会为此感到焦虑和不安。"

我带着一点玩笑的语气问她："所以你内心想做的，是一个'大家都喜欢的温柔女高管'，对吗？"

她说："对啊！我希望和大家保持融洽的关系。可是这一行竞争真的太激烈了，想要有好的职场发展，想要再往上升，就必须更坚定、更坚决、更激进，但是我又怕这会得罪人。我觉得自己真的没有办法做到让所有人都满意。"说到这里，她又重重地叹了口气。

"我更想知道的是，你为什么觉得需要做到让每个人都满意呢？你应该也知道，这是一个很高的标准，毕竟每个人心里都有自己的标尺，而且衡量的刻度也都是完全不一样的。"

"可是在印度文化里，女性就是应该做到让大家都满意。相较工作能力高低，能否得到大家的喜欢才是我们家庭最看重的。从小父母就对我说：'你自己不要太有主见了，这样会让别人讨厌你，你要合群，这样才能让大家喜欢你。'"

我思考了一下："在你的讲述里，我仿佛听到了深深的羞愧和失落。因为你觉得自己从没有实现过家人的期望，甚至你会觉得你事业的成功和他们对你的期许'背道而驰'。因为你一直被灌输的思维是只有被大家喜欢着，才是女人最大的美德，而且这也是你从小到大最熟悉最认可的一种被肯定的方式。所以当你现在通过自己的努力和奋斗走上了升职之路时，反而担心自己的果敢和坚韧并不会得到肯定，因此你才觉得羞愧。"

听完我的剖析，她不住地点头。

当自我期待和他人期待不符合时，羞愧情绪就会出现，女性相对来说在社会中更被期待扮演"照顾他人，体贴温柔"的角色。这带来的就是当女性在事业上有成就感的时候，会觉得身份与他人期待不能兼容。

她忍不住补充说："对的，尹博士。我也觉得自己应该感到骄傲，因为我可是最年轻的高级经理之一。但是想到这样的成就只能换来别人负面的评价，我便会觉得很羞愧，好像我应该隐藏自己在工作上的成就。"

她从小被灌输的就是"需要被大家喜欢"的价值观，这和她成长之后形成的价值观之间产生冲突，让她暂时没有办法和自己舒适地相处。她的优秀，并没有让她接受自己。她工作上的成绩和在公司的拼搏也使她觉得自己不会得到大家的喜爱，这让她更焦虑，甚至羞愧于自己得到的成就。

在我们的内心里，是不是也住着一个羞愧的自我？一个只记得迎合全世界，唯独忘了自己的自我？羞愧之所以具有这么大的威力，是因为在心理学中，羞愧属于最负面的情绪之一。每当体验到羞愧的时候，我们都会有不舒服的感受。也正因为不舒服，我们在潜意识里会想回避，这是一种心理学里"趋利避害"的防御机制，也是我们的本能[1]。

但通常越是回避某个问题，越容易引发焦虑和抑郁，这也就是为什么羞愧被评价为最痛苦的情绪之一[2]。羞愧的其他副作用还包括自我排斥、自我贬低、低自尊、低自信，以及

[1] Johnson E A, O'Brien K A. Self-compassion soothes the savage ego-threat system: Effects on negative affect, shame, rumination, and depressive symptoms. *Journal of Social and Clinical Psychology*, 32（9），939–963.

[2] Tangney J P, Miller R S, Flicker L, Barlow D H. Are shame, guilt, and embarrassment distinct emotions? *Journal of Personality and Social Psychology*, 70（6），1256–1269.

对自己形象的不认同[1]。**长时间处于羞愧状态，会让你看不到自己身上的美好，这就是羞愧对你的伤害。所以，当我们内心觉得自己不够好、不够美、不值得的时候，要尝试着思考，是不是你内心过分的羞愧感让你忽视了自己的美好。**

如果从心理学上了解羞愧的产生机制，那么，羞愧与我们成长过程中父母对我们满意和鼓励程度有很大关系[2]。

童年时，如果得到的反馈多是否定和贬低，那么我们会对自己慢慢失望，并演变成自我贬低和自我排斥。比如和"别人家的孩子"对比，会让我们产生挫败感和羞愧感。

羞愧的一个很重要的来源是和他人的比较。其实和其他人的比较都是"拿着玻璃去比钻石"，**你在比较的时候，也许是拿着自己的一颗脆弱的心和别人最光鲜亮丽的外表比，所以才会一比就碎。在比较的时候，你也许不能理性地看待自己。**

---

[1] LEWIS M. The self-conscious emotions and the role of shame in psychopathology [J]. Handbook of Emotional Development, 2019: 311–350.

[2] Yorke C, Balogh T, Cohen P, Davids J, Gavshon A, McCutcheon M, McLean D, Miller J, Szydlo J. The development and functioning of the sense of shame. *The Psychoanalytic Study of the Child*, 45（1）, 377–409.

我们的错误同我们的成就一样重要，都是我们的一部分，接受了这一点，我们才能更好地接受自己。而接受自己，能够让自己的生活变得更轻松，然后你可能有更加坚定的自我认知。接受能够犯错的自己，同时看见自己的光芒，这样的我们才可以活出自我，不为羞愧捆绑。就好像我的案例主人公一样，由内而外强大起来。

那我们应该如何面对和安抚我们内心羞愧的情绪呢？

尹博士心理小妙招

- 学会原谅自己。当失败或者错误不可避免地发生时，自我原谅就代表着去正视、面对它，去理解问题、解决问题，而不是把错误全部揽上身。我们要把注意力放在解决当下的问题上，而不是用过多的情绪和精力去责备自己。错误不可避免，但同时犯错也可以是学习的好机会。

- **学会自我肯定。我们要学着在人生路上不断肯定自己，甚至每天记下自己值得肯定的地方。从工作上、生活**

中，从每个微小处慢慢肯定自己。

- 学会为自己骄傲。当你懂得可以肯定自己的时候，也
  请学会为自己骄傲。骄傲和羞愧一样，都属于自我察
  觉情绪，是把我们和其他人区分开来的一种重要情绪。
  如果我们都不能为自己感到骄傲，那么我们的内心将
  是长久空洞的。

真正的独立是学会"分离"

　　某名校学生弑母案件从犯人被抓到审判，整个过程一直受到大家的关注。同时，他和母亲的关系也因为母亲日记的曝光而展露在大家的眼前。作案者身为一个名校的高才生，极其冷血地将母亲杀死，最终受到法律的制裁。这当然是一个非常极端的案例，但是我们也能从案件中窥见一个相对健康的原生家庭对孩子的成长来说是多么的重要。

　　因为天然的紧密关系，在一个家庭里，每个家庭成员的情绪很多时候都是被放在一个熔炉里，从中找到独立的自我确实非常困难。人们很容易陷入一种误区，认为正是原生家庭的错误，才导致自己的人生如此失败，将自己所有的问题都归咎于原生家庭。但是，父母也是人，是人就会犯错，探寻他们曾经的错误，目的不是用来怪罪，更不是为自己开脱，

而是能够带来思考并且通过思考将对自己甚至自己的下一代
的伤害减到最少。大多时候，我们不能得到想要的爱，但这
不代表父母没在用他们的方式努力爱着我们。

有关原生家庭的思考和剥离是螺旋式的自我发掘和自我切
割过程，整个过程会十分艰难，甚至可能伴随很多人的一生。

很多情绪问题背后都有着原生家庭的烙印。就好像我曾经
的一位来访者，他来自我国广东的一个移民家庭。来咨询是
因为他在工作中经常控制不住自己的愤怒情绪，导致好几次
升职都没能成功。

走进我诊所的时候他也充满愤怒，满嘴骂骂咧咧："这里
的停车位也太难找了，还有人插队，真是愚蠢！"紧接着又
是一句粗话。

要知道，英国人一般是非常彬彬有礼的，中国传统文化本
身也提倡内敛和礼貌，亚裔一贯被称为模范移民群体也不是
没有道理的。我也是第一次见到这么一个完全不按常理出牌、
粗口不停的华裔二代来访者。

时值十二月临近圣诞节的冬天，他走进来时身上的大衣还带着雪花，他的脸还是因为气愤而涨得通红。然后他看着我不耐烦地问道："你也是中国人吗？"我点了点头。

他马上又像被点燃的炮仗一样："你看！你就是别人家的孩子。如果我妈知道我今天来进行心理咨询，咨询师还是位中国的女博士，她肯定又会骂我一事无成！"

我说："为什么你的脑子里一直有你妈妈鞭策你的样子？"

他一屁股坐下来说："对啊。我妈妈特别喜欢说教，总喜欢让我按她的意思行事，从来不在乎我的意见。别人也都说我脾气不好，特别容易愤怒。但是尹博士，您说说，如果你开车的时候被人插队了，你难道不会想要吼叫吗？如果你走路的时候被人挡住了路，你不会有想要把对方推开的冲动吗？还有，如果老板当面对你提出意见，你不会心怀怨恨吗？"他一连串机关枪一样的发问中，夹杂了大量的粗话。

等他说完，我递了杯水给他说："如果我也这样认为，你会觉得好受一点吗？"

他斩钉截铁地说："对的，我就是要一个人理解我。不是我脾气暴躁，明明就是这个世界有很多可恶的人！"说完，他将水一饮而尽。

我边帮他续水，边说："感觉你一直在用愤怒和这个世界进行反抗，每天这样打仗你也很累吧。你和世界的这场'战争'是从什么时候开始的？"

问题让一直处于愤怒状态的他陷入了沉思。而沉思也让他的情绪慢慢平复下来，他边想边说："你要知道，我的家庭是典型的移民家庭。父母年轻的时候漂洋过海从广东来到英国，从一家小小的洗衣店开始，慢慢地有了一家外卖店。他们基本上所有的时间都在工作，根本没有空管我们，但是家里对我们几个孩子的成绩要求很高。我还有三个哥哥，他们总是欺负我，但是因为他们的成绩比我好，所以父母从来不说他们，总是一直责怪我不听话。我记得我爸妈生气的时候就会责骂我，说后悔生了我这个最小的孩子，说我怎么不向哥哥们多学习。想一想，这多么不公平啊！"

"那么在学校里呢"我问道。

他愤愤地说："那就更别提了。在学校里因为我的成绩也一般，别的小孩子都欺负我，所以我只能用愤怒来回应。"

哦，原来从那个时候，他和世界的战争就已经开始了。他被打压怕了，所以只能用自己的方式"打出血路"。他对少年的自己说必须时刻应战，必须毫不示弱，必须声势浩大。但是这一路"应战"般的成长，也让他渐渐忘记了自己内心温柔的一面。

因为一直处于应战模式，所以他看每个人都是敌人，包括自己最亲密的人。也因为总是在应战，他渐渐失去了耐心沟通的能力，甚至时不时会忍不住用愤怒将所有的好意、爱护和温暖推开。

因为曾经受过伤害，所以受伤之后的疼痛变成了内心的一种警告，提醒他绝不能放下"愤怒"这个武器。经过这么多年，他的内心逐渐形成了一个愤怒情绪闭环。别人进不去，他自己也出不来。

"如果没有人用正确的方式尊重、倾听我们，我们很容易感到孤单。当你孤单的时候，你会害怕，而愤怒则是害怕的一种下意识反应。"我说出了自己的判断。

他听了这句话之后非常认可地说："对。我在家庭里从来没有感到被尊重过，从小到大家里都是吵架的声音——我父母对几个孩子的吼叫声，几个哥哥对我的吼叫声。在学校里我得到的则是歧视和霸凌。"

"如果没有看见过温柔沟通的模样，你也很难想象好好表达自己情绪将会是一种什么样的感觉。"我非常能够理解他的感受。

"所以，你说，我是不是只能用愤怒来应对这个世界，因为这是原生家庭为我留下的阴影。"他重重地叹了一口气并且带着深深的遗憾看着我。

"对啊，累积的不自信，父母的忽视，学校里的排斥，这些负能量在你心里堆积，现在已经变成炸弹，只要一点燃就会爆炸。但是，你想过没有，你的每次愤怒爆炸，都是有代价的。当你对外界张牙舞爪的时候，你内心的自我并不会得到温暖，不是吗？"

面对原生家庭导致的长期性情绪问题，几乎是没有捷径可以走的。心灵的成长需要一步一步地构建。而在重建的路上，我们首先要衡量一下，原生家庭对我们的心理影响程度究竟有多深、伤害有多大，并且这些伤害会让你有什么样的情绪或其他应激反应。我的这位来访者的应激反应是对一切都感到愤怒。

这才是重建内心的第一步，甚至可以说是最关键的一步。通过自我察觉，我们才能找到情绪和行为的根源。我们需要开启原谅自己的旅程，并慢慢改变。

心理学所定义的健康的原生家庭，是指在这个家庭中，父母情绪稳定、成熟，能够对自己的情绪负责，明白养育的责

任，能够尊重孩子的独立意愿 ①。成长并不容易，家庭环境又有着至关重要的影响，这些因素对我们做父母的来说也不例外。如果我们从来不去反思，去自我觉察，去自我愈合，去自我负责，那些伤害将很容易被复制，并会在无意识中被一代一代延续下去。

在健康的原生家庭长大的孩子，往往能够明白自己需求的重要性，很少被羞愧和内疚左右，有着无条件被爱的底气，也更有勇气去尝试不同的东西。他们有边界感，会保护自己，会在人生中轻装上阵。所以，来自健康原生家庭的爱，非常珍贵，也非常稀少。

原生家庭的问题其实大多数人都有，所以与其责怪父母，不如静下心来修补自己。

《了凡四训》中写有："从前种种，譬如昨日死；以后种种，譬如今日生。"心理学中也有类似的理论，过去无法改变，我们失去的童年和青年不会再回来，曾经没有得到的父

---

① Umberson D, Williams K. Family status and mental health. *Handbooks of Sociology and Social Research*, 225–253.

母的爱，也不会奇迹般地出现。我们可以哀伤，也不必惧怕哀伤，因为哀伤往往意味着治愈的开始。

心理学中有一个非常著名的治疗哀伤和灾难的模型，学者将哀伤的过程分为 5 个独立阶段。这个模型是由著名的瑞士裔美国籍精神科医生伊丽莎白·库伯勒 - 罗丝（Elisabeth Kübler-Ross）在 1969 年提出的[①]，非常适合想要从原生家庭中挣扎出来的人们。

伊丽莎白将哀伤分为五个阶段，分别是否认、愤怒、讨价还价、抑郁和接受。

第一阶段是否认："哪有这么严重，都是小题大做，每个孩子不都是这么长大的，我也一样。什么原生家庭的问题，都是因为想得太多。"

第二阶段是愤怒："为什么他们要这么对我？我做错了什么？我恨他们带给我的伤害。"

---

① Kübler-Ross E，Kessler D. *Finding the meaning of grief through the five stages of loss*. Simon & Schuster.

第三阶段是讨价还价："也许还没有这么糟糕，如果我再努力一点，听话一点，早点成家立业，就可以得到父母无条件的爱了。"

第四阶段是抑郁："我有深深的悲哀和无力感，连我的父母都不爱我，这个世界上也许没有人会爱我了。"

第五阶段则是接受："好吧，过去无法改变，想要改变别人（包括父母）也是徒劳。我接受曾经受到的伤害，但是，现在我要开始寻找自己的情绪出口了。"

这五个阶段，向我们呈现如何郑重告别过去的自己，好好对自己的过去说再见。最后，这些痛苦终将被我们释怀，同时也给了我们看清前路的机会，至于那些曾经出现的情绪，我们的内心会重新安置它们。

我的来访者也是如此，通过与哀伤和遗憾告别，他一步一步从过去挣脱了出来。咨询快结束的时候，他对我说："我现在明白，真正的独立就是把原生家庭的影响尽量切割出我的生活，我独立思考并且担起责任。下一次在愤怒的时候，我不会再去责怪我的生长环境了。"

"是的，这是一个漫长的过程，但是你已经走在了路上，这就代表你没有被过去吞没，所以要记得时刻给自己加油。"

尹博士心理小妙招

- 如何能顺利找到自己？首先我们需要经济上的独立。心理独立和经济独立，在我看来其实有很紧密联系。只有在保证自己温饱的前提下，我们才能探索心灵上的成长。如果我们的经济依然依附在父母或者其他人身上，那么完成心理独立建设的过程就会特别困难。

- 请坚持保持内心的独立，然后积极探索自己的内心，我们终将得到属于自己的自由。心理学大师荣格曾说："我的过去不能够定义我①。"过去的你也许伤痕累累，但是你的未来属于自己。

---

① Wyatt Z. "I am not what happened to me, I am what I choose to become" walking the journey with Cambodian wounded healers ［J］. *ICSP Conference Proceedings 2022.*

内疚，一份沉重的爱

我清楚记得见她的第一次，正逢寒冬，伦敦也难得下场大雪。她小小的个子穿着一件大红色的羽绒服，她有着小麦肤色，体态健康，充满活力，好像为诊室里点亮了一盏灯，使雪天变成晴天。

她看见我时兴奋地用中文问我："您也是中国人？"听到我肯定的回答时，她开心地笑了起来："我运气太好了，伦敦居然有来自中国的心理学家。我们文化背景相同，你会更理解我的。我来之前还在担心要怎么和英国咨询师解释'相亲'这个概念。"

在心理咨询中，相同的文化背景确实能够更容易让来访者放松，用母语表达自己也更有助于咨询进展顺利[①]。咨询开始之后，我发觉她确实是一个开朗的女孩子，简历也是闪闪发光。她从国内一路考进常青藤大学，读的是非常热门的工商管理专业，她来伦敦之后立刻找到了高薪的投行工作，怎么看都是一名现代精英女性。但她同时也是一个中度抑郁症患者，根据量表测试，她甚至已经到了重度抑郁边缘。

她苦恼地对我说："我真的不知道怎样才能让我的母亲满意，好像做什么都没有用。我知道她非常爱我，可是我现在真的不想相亲，我真的觉得好累啊。"

从紧皱的眉头和挣扎的眼神里，我感受到了她的无奈。"看起来，你的压力可真不小啊。"我对她说。

"我从来不敢在妈妈面前犯错误，不敢让妈妈失望。"

"为什么呢？她很严厉吗？"我很好奇。

---

① IBARAKI A Y, HALL G C. The components of cultural match in Psychotherapy [J]. Journal of Social and Clinical Psychology, 2014, 33（10）: 936–953.

她想了一想后回答说："因为妈妈总是说她做的一切都是为了我！所以我总觉得自己不能让她失望。"

"如果她失望了呢？你内心的感受又是怎样的？"我用这个问题试图继续朝她的内心走近一步，想弄明白她真正不想让母亲失望的原因。她沉默了一会儿，看得出来她在很努力地思考。然后她用略带怀疑的口气说："每次一让母亲失望，我就会觉得很紧张，很内疚。"

"对！就是内疚！"她恍然大悟。

"那么，这种爱带来的内疚是什么时候开始的呢？你还记得吗？"我顺着她的思路继续提问，就好像一起去陪伴她寻找亲情的源头。

她又沉默不语，思绪也被拉到了小时候。她一边回忆着一边说："妈妈很辛苦，每天都会为我做饭，也会帮我付高昂的补习费用，但是她会按照她的意愿来为我挑选她觉得适合与我交往的朋友。好像从那个时候开始，我就知道妈妈爱我，并且很辛苦，所以我不能反抗她的意愿，要不然我就觉得很内疚。这样很不好吗，尹博士？"

"内疚好不好，其实也要看情况。但是我可以和你解释一下心理学对内疚的看法，你想听吗？"

"嗯，我也想知道我为什么如此内疚。"

"内疚这个概念由现代心理学奠基人弗洛伊德提出。他认为，内疚是我们下意识想要逃避惩罚的一种情感反应[1]。现代心理学特别是精神分析学派的研究一致认为，内疚是一种紧张的情绪，它包含后悔，还有对自己的愤怒，**这是一种紧张且不愉快的感受。在一段关系里，内疚会让我们下意识地顺从对方的要求，哪怕我们的内心是排斥的。当我们拒绝别人的时候，哪怕不是我们的责任和错误，也能使我们产生内疚感，导致最后我们不能遵从自己内心真正的渴望，做出与内心想法不符的行为**[2]。"

---

[1] KLEIN M. On the theory of anxiety and guilt [J]. Developments in Psychoanalysis, 2018: 271–291.

[2] STOMPE T, ORTWEIN-SWOBODA G, CHAUDHRY H R, et al. Guilt and depression: A Cross-Cultural Comparative Study [J]. Psychopathology, 2001, 34 (6): 289–298.

"哎，怪不得我每次想要和妈妈慢慢谈论自己真正想法的时候总是那么难。"她听到这里说。

"对啊。你习惯顺从，但是却没有因此和母亲变得更亲密，通过引发内疚而得来只会是一时的顺从。内疚并不是建立在双方的共情和理解之上的，所以会让亲人的关系变得疏远，你的感受是这样的吗？"

她也点了点头，说："确实。好像随着我日渐长大，很多事情我都会开始慢慢瞒着她，不去告诉她，就怕她知道后生气失望。因为一旦她生气或者失望，我就会内疚。"

"最亲爱的亲人之间也需要界线，这样我们每个人才有足够的自我空间去成长，不是吗？在这段关系中，你妈妈给你的空间似乎不够大。刚刚你也说到，越成长，你越会有更多独立的、属于自己的想法了，如果因为内疚，你的很多心里话一直憋在心里无法和母亲沟通，那么你确实会感觉很累。不过今天咨询的时间差不多到了，所以，我希望你能在下一次咨询前想想你是否需要自己成长的空间。如果需要，你将怎么和你的母亲沟通呢？"

她站起来带着微笑说："谢谢你，尹博士。我忽然内心觉得轻松了很多，也好像更有自信了，我们下次见。"

没想到第二次咨询的时候，她一走进咨询室就大哭不止。我连忙递上纸巾，给了她一杯温水，让她稍微平静一点。

她带着哭腔说："上次咨询结束，我思考了很多，也获得了很多感悟。我觉得自己有点底气了，因为我已经是一个成年人了，需要一点自我空间去过我自己的生活。当我和妈妈说了这些之后，她非常生气，说我不孝顺，让我马上回国找份工作、相亲和结婚。她还说我出国后变得自私了，不听话了。"

说到这里，来访者又伤心地哭了起来，看得出来，她也没料到一向"无微不至"照顾她的母亲居然突然出现这样决绝的态度，让她一下子崩溃了。

她好不容易建立起的自信，再一次被母亲误解和攻击。她在咨询中反复说道："我很爱我的妈妈，我也知道她为了我很辛苦，可是她的爱让我窒息，每次和她通完电话，我都会觉得自己很失败，无论我多么努力也做不到让她开心和骄傲，现在我连最起码的安全感也感受不到了。"

"我感觉自己被妈妈抛弃了，如果妈妈抛弃了我，我的生活还有什么意义呢？"她哭泣着问我。

看着她红肿的眼睛，我轻轻对她说：**"你活着的意义就是你自己。没有人可以定义你，只有你自己。"**

她似乎被这句话惊住了，因为她从来没有想过独立代表什么。

美国早期的著名精神科医生和精神分析治疗师海伦·布洛克·刘易斯（Helen Block Lewis）曾经就心理学上的独立发表自己的观点。她认为，**独立代表找到自己活着的意义，这种意识的成长大多和家庭有关，但更多则是一种向外探索和独立思考的能力**[①]。如果我们习惯依赖父母或者习惯了被父母否定，那么这条独立之路我们便会走得特别艰难，因为从一开

---

① KALINKOWITZ B. Helen Block Lewis（1913-1987）.［J］. Psychoanalytic Psychology，1987，4（2）：95–99.

始，我们就失去了最重要的自我确定和勇气，正如这位来访者一样。

我默默递去纸巾，等她平静下来时说："我看到你母亲的付出，你也觉得你母亲非常爱你。但是现在我们要不要讨论一下她给你爱时，被爱的感觉究竟是怎样的？"

她有点懵懂，看着我说："被爱的感觉？关于我的？"

"对啊，爱的方式不同，被爱的感觉也会不同，你的母亲对你表达爱时，给你的最大感受是什么？"

很多时候付出爱的人都会带着相对主观的意识做着"我是为你好"的决定，却忽视了接受一方的内心感受，所以被爱者的体验在关系中同样非常重要。

来访者陷入思考，她需要反思才能看清自己的内心。她沉默了很久，然后坚定地说："内疚。"

然后想了想说："还有窒息。"

"内疚和窒息，这真是一份很沉重的爱啊。"我的这句话又让她泪流不止。

"所以我才一直觉得怎么会这么累啊，我好像背负了一座大山。"她说。

我们一直说父（母）爱如山，但是这份爱不需要如此沉重。我和来访者同时思考了起来。这份领悟来之不易，伴有痛苦。因为母爱，她在成长之路上受到了充足的保护，但也正因为这份母爱，她陷入深深的内疚，一路磕磕绊绊。

"内疚和窒息的爱，会让人下意识觉得'要活出母亲的期待'，也就是成为'乖、听话、孝顺、顺从'的女儿。"我补充道，"但是在这个过程中，你忘记了自己正在逐渐成长，已经可以独立思考了，你忽视了自己的内心需要。"

我和她一起在咨询中慢慢消化这些对她来说未出现过的念头。

过了一会儿，她带着恍然大悟的表情却又肯定地说："是的，她的爱对我来说是一种束缚，我不想再被束缚了。"

但是过了一会儿她又说："可是我母亲是不肯改变的，难道我要一直这样隐忍下去，然后变得更抑郁吗？"

我说："虽然她可能不想改变，但是你可以改变啊。下一次你在和她通话时如果感到内疚窒息和内耗，我希望你能告诉自己，那不是你的错。"

"不是我的错？不是我的错，难道是我母亲错了？她爱我，难道是她给我的爱的方式不对吗？"

"控制欲过强的母亲有很多。心理学上已经有研究证明，在中国传统文化中，出于对家庭观念的极度重视，导致母亲和孩子的边界存在模糊不清的情况，这也表明母亲的控制欲和介入感更多[1]。可能母亲也不觉得她这样做有任

---

[1]　NG F, POMERANTZ E M, DENG C. Why are Chinese mothers more controlling than American mothers? My child is my report card [EB/OL]. Child development, U.S. National Library of Medicine, 2014.（2014）[2023-09-21].

何错误。天下无不是的父母，这是我们的文化观念所推崇的。但是我们自己要知道，无不是的父母，并不代表他们给予爱的方式是对的。而方式对不对，只有你内心的真正感受会告诉你。我希望你能了解一下你母亲的内心，而不是一味责怪她给你爱的方式不适合你。你要知道，她的成长背景也很有限，甚至当她严格对待你的时候，她也没有真正放过自己。"

这份母爱是一道长长的影子，一直在女儿的背后，如影随行。要想真正找到自己，就需要我们正视和理解影子对成长的影响，然后从中找到让自己内心更舒适的方法。

在咨询的最后，她对我说："我要重新架构和妈妈的关系了，这一次我要'从心'出发面对她。我也知道，我可能改变不了我的母亲，但是我已经知道自己想成为一个什么样的妈妈了。"

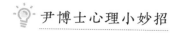 **尹博士心理小妙招**

- 要能适应心理上成长的时间差。我相信这对母女之间的困惑很多家庭也有。现在留学的孩子越来越多，父母们确实给了孩子飞翔的翅膀，却在最后限制了他的飞行方向。在孩子开始独立的时候，从父母角度来看，可能是"孩子大了，不听话了"。但从孩子的角度去看，他们正因为有了自我思考的能力，所以更懂得尊重自己的情绪和意愿，也不太愿意无条件去做父母所要求的每件事。这是"爱"的一个时间差，孩子在成长，父母却没有。

- 面对冲突，**要努力抱着包容的想法多沟通。当家庭出现这样的困境和角斗时，如果选择一味逃避，那么无力感将会让抑郁滋生。我们可以在相处中抱着理解多去沟通，并且努力理解彼此，这才是最重要的。**

- 要允许不同意见的存在。**一段健康的关系是允许不同意见存在的，是不需要牺牲和内疚的。两代人的共赢才是**良好关系的根本。爱不是束缚，而是你飞翔的勇气。

CHAPTER

3

第三章

成为自己坚强的后盾

谢谢你，一直没有放弃自己

十月的伦敦，秋高气爽，让人心情愉悦，随着时间推移，渐渐阴雨天也更多了，有时刚到晚上 6 点天就黑了。虽然心理咨询没有什么特别的高峰期，但是圣诞节前后一两个月相对来说会有更多的来访者。

在西方，圣诞节是阖家团圆的日子，但这种团圆也是对你和原生家庭的一种"考验"。对有些家庭来说，团聚是亲人的拥抱、美好的食物、家庭的温暖；而对另一些人来说，团聚是一场不得不面对的战役，有些人在原生家庭中患上创伤后应激障碍症，难得痊愈，团聚会再次触发他们内心的创伤。

果不其然，我的预料很准，到了诊所一看日程，全部排满了，甚至有一个新病人约了晚上 6 点。我心下暗自嘟囔了一下，"7点下班天就全黑了"，然后将今天的第一杯咖啡一口喝下，潜心工作。

新病人在6点之前就在等待室了，一副职业女性的样子，一边等待一边一脸严肃地处理电脑上的工作。我叫了她的名字，她很快就收拾好走进了诊室，坐在了我的对面。照理说，面对新来访者，第一步是宣读保密协议，但在我还没能说保密协议的时候，她就号啕大哭。

我默默地递了纸巾过去，听到了浓重鼻音之下的一声"谢谢"。

我静静地等着，大概过了30秒，她终于停止哭泣，看了我一眼，说了声"对不起"。

我平静地回答："在这个诊室里，你不需要为情绪失控或者大哭而对不起。"我又指了指诊室门外的方向，"在外面，我想你已经忍耐很久了。"

听到这句话，她又开始哭泣。在诊所里工作的我，见证了太多压抑不住的隐忍，有些人在忍无可忍之时，才会想到找心理咨询师倾诉，就像这位来访者一样。

面前的她终于安静了下来，至此我才有机会解释保密协议并正式开始咨询。

她说："其实我一直想来咨询，但是疫情把一切都打乱了。我居家工作了整整半年，这也让我更加确定了要咨询的念头。所以一解封我就来见您了，我实在是太孤独了！"说到这里，她又开始抽泣。

"新冠肺炎疫情前，我基本上一整年都在出差，我手下有近50家连锁酒店需要管理。那时，我的工作很忙碌，我也没觉得有什么不妥。但是在家办公让我不得不每天面对自己，审视自己的生活，我突然发觉，虽然事业还算成功，但我居然没有一个真心朋友可以聊天，没有伴侣也没有家人可以依靠，甚至今年过年我要自己一个人度过。外面的彩灯越闪烁，我就显得越孤单，我的内心没有任何快乐和期待！我今年52岁了，已经工作了35年，我感觉自己还是像新入学的小学生一样，面对社交生活不知所措，我怎么活成了这个样子！你也许觉得我很可笑吧。"她带着哭红的眼睛问我。

"怎么会呢？"我回答说："孤独肯定是痛苦的，疫情中的孤独更是痛苦的。你能熬到现在已经很了不起了。这一点也不可笑，但是你告诉我你非常能'忍'，你应该也忍受了很多其他痛苦吧。"

果不其然，在接下去的咨询里，我跟随她一起走向了回忆，那确实是一条艰难而隐忍的路。

她说："在我 7 个月大的时候，我的生母就去世了。父亲嫌我麻烦，都是爷爷带着我住在隔壁的小屋里生活。在我 5 岁时，父亲娶了继母，继母还带来 3 个孩子。我清晰记得那一天婚礼结束之后，宾客也都离开了，早已大醉的父亲完全忘了我的存在，继母则忙着安排她的孩子们休息。一切结束之后，继母冷冷地看了我一眼说：'你回爷爷那里去吧。'那个时候我就有一种感觉，我是被这个家庭抛弃的人。"

"对不起，那么小你就失去了母亲，确实很难。那你还记得你继母看你的那个眼神，让你有什么感觉吗？"

她哽咽着，哭声逐渐大了起来："我觉得自己是多余的，我真希望自己从来没有出生过。"

"还好你出生了，也还好你坚持到了现在。要不然，就不会有今天坚强忍耐、事业成功的你啦。我明白你的成长历程很艰辛，回忆时也会重新带来痛苦，但是心理咨询能够帮助你，我需要你更多的分享。我保证我会陪着你的，我就在这里。"我递过去一包纸巾真诚地回复道。

她点了点头："我愿意相信你。"

她说："你知道为什么圣诞节对我来说很煎熬吗？因为这是我最痛恨的节日。圣诞节代表着我必须面对父亲和继母一家，我要为大家准备食物，再以最快的速度吃完饭，等到结束之时再来收拾桌子上的残席，每年也只有这个时候继母和父亲才会说：'谢谢你，总是这么照顾大家。'平安夜，他们一家子其乐融融地在圣诞树下拆礼物，我知道这一天不会有属于我的礼物，这里是我的家，我的父亲只是他们的继父，但这太不公平了！所以我16岁就迫不及待地离开家了，恰逢那个时候爷爷也过世了，对我来说，家庭里最后的一点亲情也没有了。"

"那你尝试过将你的感受和父亲或者继母沟通吗？"我补充问道。

"沟通？"她脸上马上带上了一丝冷意和决绝："绝不！我才不要让他们看见我的软弱，我从来都是把情绪放在心里，告诉自己只要离开这个家就好了。"

"那么，当你离开家之后，有和别人谈论过你内心的感受吗？或者，有没有尝试过去面对自己的情绪呢？"看着眼前这个面色突然变得冰冷的女士，我问道。

她想了一想说："好像从来没有过，离家后我就开始在酒店工作了，从前台一直做到大区经理，一天恨不得掰成26小时来用，根本没有思考的时间，也更没机会去袒露情绪。要知道，我可是唯一一个女性大区经理，所以我更加不能情绪化，要不然我那些男同事们会怎么看我？"紧接着她又叹了一口气，她确实太不容易了。

"怪不得呢，这么多年的伤痛一直压抑在心里，就好像一道从来没有被清理过的，没有停止发炎的伤口。它们不会消失，却会时不时提醒你那些你不想面对的过去，日积月累，导致你情绪上的抑郁。"

我轻轻地对她说："现在你终于不用压抑了。"

过度忍耐和压抑情绪是面对痛苦时我们下意识使用的一种防御机制。这个概念最初是西格蒙德·弗洛伊德（Sigmund Freud）提出的，经过研究和更新，现代心理学大致将防御机制分为 10 种，过度压抑情绪只是其中一种①。

但压抑情绪并不代表我们已经和过去和解，恰恰相反，因为我们下意识的防御机制过于强大，被压抑掉的情绪有时反而影响我们的行为和我们与其他人的关系。

---

① Brenner C. Defense and Defense Mechanisms［J/OL］. The Psychoanalytic Quarterly, 50（4）, 557–569.

我对着她说："你给自己披上了工作的盔甲，被盔甲包得紧紧的，可这样别人能走入你的内心吗？"

她一时间不知道怎样回答，我继续问："如果这个问题很难回答，那么当有人试图走进你的内心时，你内心产生的第一个想法是什么？"

她沉思了一会儿。之后叹了口气后说："我知道你的意思了，不打开自己，别人也进不来。而别人试图进来的时候，我会更想包裹住自己，因为我不想再被任何人抛弃了。"前尘往事突然一起涌上心头，这么多年的伤口再次被撕开，血淋淋地摊开在她的面前，换谁都不会好受，所以这次咨询我们进展得比较缓慢。

第一次咨询结束之后，我对她说："虽然你一直觉得被抛弃，但是还好你没有放弃自己，要不然你也不会走进我的诊室。"

"被抛弃症候群"在心理学领域相对来说是一个比较新的理念，严格来说它并不是一种心理障碍。但是有"被抛弃"

症状的人群通常会有并发的较为严重的抑郁症和焦虑症，他们总是担心自己会随时被扔下，还会下意识地担心是不是因为自己做得不够好才被抛弃了。这导致他们在很多事情上力求完美，特别倾向于在工作上投入极大的精力。也正因如此，他们在生活中经常感到孤独和害怕。

"被抛弃"情绪的产生和原生家庭成长环境息息相关，患者通常在成长阶段长期被父母（主要抚养人）忽视，缺乏关爱。导致他们即使已经成年，那种"我需要被需要，因为我不想被抛弃"的心态也没有消失，就好像这位来访者一样，因害怕一旦投入感情就会被抛弃，所以一直选择将工作放在第一位。

第一次咨询结束后，她信誓旦旦地对我说："我下次来不会哭了。"

我说："我的咨询室里会安抚想哭的你，纸巾也长期备着。"

第二次咨询时，她又大哭不已。

到了第三次的时候，她说："我这次有备而来，眼线眼妆都没化。"

我笑着说："很好，你明显更放松了。"

后面几次的咨询中，我经常和她讨论一个问题："为什么我们宁愿在工作中付出，也不愿考虑自己的感情生活。"

她想了想说："因为我觉得工作需要我。我需要被需要。"

我又问："那你不需要自己吗？你不需要陪伴吗？"

她说："我只是不想被抛弃，最起码工作不会抛弃我。"

我接着追问："你觉得工作有权力抛弃你吗？还是你赋予了工作太多的意义，给了工作抛弃你的权力？如果工作没有权力来抛弃你？真正能够让你觉得被抛弃的到底是谁？"

她思考了很久说："我也害怕打开心扉，因为即使打开了我的心，那个人也终究会离开我。到时候我又是孤单一个人，那我岂不是更痛苦吗？"

这些艰难的问题曾经一度让她在咨询室里思考或者痛哭很久。但是我知道，这也代表她正在渐渐卸下盔甲。

生活中，她加入了一个小型的瑜伽课程；工作中，她发起了一个女性管理层心理健康互助的项目，希望能让更多职业女性得到心理支持。她开始尝试和异性的约会，从一部电影、一顿晚餐开始，尝试认识新的朋友。

咨询慢慢到了第六次，转眼圣诞节就在眼前了。我问她："今年的圣诞节有什么打算？"

她说："我们公司有一些来自国外需要隔离的管理层不方便回国，我准备请他们来我家一起过圣诞。"然后停顿了一下，"我还请了我的约会对象，我觉得他是一个温暖的人。"

我笑着问她："你不害怕被他抛弃了吗？"她看着我，也笑了，说："害怕呀，但是我终于知道，只要我不抛弃我自己，就没有人可以抛弃我，哪怕我会因为对方的离开而伤心，但是我现在随时可以拥抱自己，安慰自己，告诉自己我会没事的。"

是的，也许我们都曾经被抛弃过，我们可以去拥抱温暖他人，但我们更可以选择去拥抱自己，把自己当作宝贝。

尹博士心理小妙招

- 工作固然很重要，但是我们更需要人与人之间有界限的、温柔的、正向的社交，远离那些轻易评判我们、贬低我们的人，靠近那些可以帮助我们、进一步温暖我们内心的人。

- 请记住，我们要把自己的感受放在第一位。需要有清晰的社交界限，不要为他人的满意而活，也不要对对方的反馈抱有过高的期待。

- 生活中，我们至少要有两个好朋友和两个对自己的身体、大脑有益的爱好。这一点看似简单，其实并不容易做到。

- 当你感到孤独时，要想办法和别人聊一聊，这是你拥抱自己的方式之一。

天桥上的幸福和绝望

　　文森特广场（Vincent Square）是一家隶属伦敦西北英国国家医疗服务体系的最大也是最专业的治疗饮食障碍症的中心之一，普通病人按症状排序，等待时间有时超过一年，但患者依然有耐心排队就诊。

　　虽然已有心理准备，但当我进入文森特广场那一刻，还是被乌泱乌泱的人群惊到了。这里的大部分病人都是自愿就诊的，也有一些病人是"被迫"入院的，被迫入院这批，基本上是在重症病区住院。

　　为什么会有人"被迫"就医呢？因为英国现有的精神心理健康法例规定，对于极度厌食、体脂率小于 15% 并且拒绝食物的病人，可以强制就医。饮食障碍症在各种心理障碍中致死率最高，如果不尽早进行干预，死亡率将高达 20%[①]。

这里的饮食障碍症患者的表现各不相同，他们不仅有厌食症（极度控制饮食，达到"被动严重伤害自己"的程度），还有暴食症并伴有催吐症（暴食以后使用各种办法催吐，或者采用泻药来排解，对身体的伤害极大）。

因为工作的关系，我需要在这里工作 6 个月。这 6 个月里，我见到了各种因为不同原因导致的饮食障碍症患者，他们绝大部分是 26 岁以下的年轻女孩，也有少部分的青春期男孩。遗传、环境影响（包括主流媒体的审美观）以及其他并发的心理疾病是引发饮食障碍症的三种主要原因。

为什么青春期的孩子发病率较高？因为此时他们的身体正在产生变化，他们正在从父母的庇护下转向独立，还要面临同学之间相处的社交压力和学习压力……一切都如此猛烈

---

① Guillaume S, Jaussent I, Olié E, Genty C, Bringer J, Courtet P, Schmidt U. *Characteristics of suicide attempts in anorexia and bulimia nervosa: A case-control study.* PloS one.

地袭来，甚至不可控，此时最容易决定的就是我今天可以吃（不吃）什么。

在文森特广场，厕所处处可见呕吐痕迹。那些因为拒绝饮食，被鼻饲管强制喂下 3000 卡路里"营养餐"的人；那些每天已经严格根据医院要求进食，但体重依然一天比一天轻的人；那些因为催吐，脸颊长期肿胀的人，他们每天都在苦苦挣扎着。如此近距离观察他们的痛苦，使我不得不去追寻到底是哪里出了问题？

记得那是平平无奇的一天，在伦敦的 12 月，我拿着咖啡穿过一片绿地，开始像往常一样面诊。

一对母女已经在候诊室等待多时，妈妈消瘦但穿着时髦，她身旁有个看上去 4 岁左右的小女孩，妈妈给了她一块巧克力，但是小女孩拒绝了。

"哇，不吃巧克力的小孩子真少见啊。"我偷偷看了一下病历，上面写着女孩的名字和年龄——她居然已经 6 岁了！可她看上去非常娇小，甚至有点儿营养不良。

照例，先询问病因、发病时间和诊疗目的。妈妈面露难色地说，小女孩已经一个多月没有好好吃饭了，最近一个星期甚至有催吐的行为发生，好在发现及时，加上年龄小，她没能真正将食物吐出来。

我于是问小朋友："你能不能告诉我，你为什么不吃东西呢？是东西不好吃吗？"

这个蓝色眼睛的小洋娃娃对我奶声奶气又语气坚定地说："我不想胖啊，妈妈也不想胖。妈妈每次吃完饭都要去厕所吐，我可以听到马桶冲水的声音。"

此时孩子母亲的脸色变得煞白，她急忙辩解道："那不是……妈妈只是……"

那一刻，我和孩子的母亲都明白了孩子厌食和催吐的真相。看来，需要治疗的不止一位病人。

第一次面诊之后，那位妈妈也接受了治疗。在治疗中我才了解到，她在青春期时，曾因为肥胖受到同学的霸凌。虽然她后来长期节食和催吐，让身材一直非常瘦，但在她的自我认知里，她依然觉得自己是个胖子。

特别是在怀孕之后，她曾经一度不能接受自己身体在孕期的变化，当时的主流媒体还在推崇"在生完孩子一个月内恢复身材"，又或者"生了孩子好像没生一样"。这些导致她在整个孕期都处于身材焦虑中，女儿一出生，她就又开始过度节食和催吐。

治疗饮食障碍最重要的一个部分，就是要让来访者重新认识、接受、最终爱上自己的身体。一个治疗细节是用三张人形图片代表三种不同身材：肥胖、正常、偏瘦，来访者根据自己的身材进行对比。那位妈妈毫不犹豫地选择了肥胖型身材来代表她眼中的自己。其实她每一次咨询的常规测量体重都维持在 46 千克左右，身高 172 的她体脂率只有 15%，已经是"纸片人"一样的身材了，可见饮食障碍症患者对自己身体认知偏差有多严重。

我看着她说道："当你的内心用严苛的标准来看待自己

时，实际上你看到的，依然是过去那个因为觉得胖而被霸凌的小孩子。但是，事实上，你早已经不需要再苛责自己了。"

她流下了眼泪："我没想到自己还一直困在过去，也没想到我的苛刻也影响了女儿。"

我回答："正是这样。不过你可以带着孩子一起改变，用行动告诉她，爱自己，从每一天的每一餐开始。"

纠正自己的身体认知偏差是治疗的第一部分，治疗的另一个部分是重新建立来访者和食物间的健康关系。

没有任何一种食物是我们的敌人，越是压抑控制自己爱吃的食物，越会造成包括暴食或者催吐这样不良行为的反弹，最终导致形成饮食障碍。 另外，在情绪低落的时候，一般人都想用甜食安慰自己，这是生理心理学中已经被证实的人的一种非常本能的行为[①]。若想摆脱这种本能，就需要我们对自

---

① Hill A J. The psychology of Food Craving［J］. *Proceedings of the Nutrition Society*, 66（2）, 277–285.

己内心情绪做更进一步的了解和接受，找到食物之外的东西来安抚自己酸楚的内心。

最重要也是最为艰难的，还是要引导来访者接受由内而外的、全部的自己——我们的价值不应该由时尚杂志、社交媒体或他人来定义。这时候，身边人的肯定和帮助就变得很重要。我的建议是不要过多看社交媒体，要活在当下真实的生活里。当你尽情沉浸在自己日常生活中的时候，你就会发现，原来除了体重和外貌，生活中还有很多美好的体验在等着你。

妈妈和女儿经过一段时间的治疗，症状都得到了缓解。不过，治疗结束，真正的挑战才刚刚开始，毕竟只要周围人还在指指点点，还在以"瘦"为美，那么饮食紊乱症的产生根源就难以得到遏制。

那些网络上曾经流传的"A4腰""锁骨硬币"等看似带有娱乐性质的小视频，都是饮食障碍症的推动因素。"白瘦幼""少女感"等单一的审美观造成的身材焦虑，也导致饮食障碍症在年轻人中高发，而且相比抑郁症 1.3% 的致死率，饮食障碍症的致死率高达 20%。

每个人来到这个世界上，都有自己本真的面目，在追求健康的前提下保持好的身体、身材状态是对自己的一种关心和照顾，但是如果因此而焦虑，甚至患上饮食障碍症，那就真是得不偿失了。要知道，无论梦想是什么，我们都需要有个好身体来支撑。

故事到这里就结束了。在这里我想问大家一个问题：身材真的和快乐有关系吗？

心理学上曾经有个非常著名的研究。这项研究招募了 56 名平面模特以及 56 名普通女性，将她们对生活的愉悦程度以及满意程度进行对比，得出的结论是：相比普通女性，那些我们在外貌上"仰视"的模特们，可能有着更多的心理障碍问题，并且普遍有着更低的自尊心，因为她们经常被称赞美丽，反而养成了更依赖外界反馈的习惯，也忽视了自我肯定和价值的树立。

也因为这个问题，我专门去访问了一些身边颜值很高的专业模特朋友，结论确实如此——他们的容貌焦虑并没有因为长相鹤立鸡群就比普通人更少一点，他们反而对自己的要求更高。

那么我们作为普通人，有必要用主流媒体的"模特或者偶像"要求来让自己更焦虑吗？希望这里的尹博士心理小妙招能帮助你远离身材焦虑。

尹博士心理小妙招

- 当你正为自己的身材而焦虑的时候，希望你能停下来想一想：除了外貌和身材，你还有多少优点？请一点点找出并写下来，学着夸奖自己。你的身体和你一起承受了生活中的种种压力，它对你来说是唯一的，值得被呵护的，如同你的内心一样。

- 保持活力，少攀比，多锻炼。

- 如果以上两点现在你还做不到，也没关系。最起码你要知道，爱惜身体是一生的课题，是需要我们长期思考和面对的。

安全感与金钱的关系

新冠肺炎疫情三年，我们经历了很多。现在回头看"不知道明天和意外哪一个先来"这句话的时候，相信大家已经有了不一样的体会。

因为不确定因素太多，我们内心的不确定感也会被放大，安全感变得特别稀缺，导致人人都想要得到更多。很多人应对这种不确定感的理念就是：金钱。好像如果我们有足够的金钱，就可以有更多的确定性和安全感。

可事实真的是这样的吗？这让我想起了曾经的一位来访者。

这是一个普通的工作日，我看到一辆加长林肯停在了诊所前面，车前还站着两名保镖。即使诊所收费昂贵，又在寸土寸金的伦敦著名哈利街上，很多来访者非富即贵，这样的阵仗也很少见。我走进前台开玩笑地对秘书说："今天是有王子或公主要来吗？"

她看了我一眼说："尹博士，这是你9点的来访者。他正在车里等你呢，如果你准备好了，我这就去通知他。"

走进诊室的他大概30岁不到，自带非常高傲的态度，仰着头问我："你知道我是谁吗？"

我说："我知道啊，你就是今天因为幽闭恐惧症来就诊的来访者啊。"确实，无论他是谁，进了我的诊室，那就只有一个身份——我的病人。

也许我的反应出乎他的意料，他也不太好继续扮演"高傲"下去。但是他瞪着我说："这一切都是保密的吧，我可不能有任何负面新闻被曝光。"

我说："第一，保密属于我的职业操守，对一个执业的心理学家来说是非常重要的职业操守。第二，我也不觉得情绪问题是什么负面新闻。不过我当然尊重你的看法。那么，现在我们可以谈一下，为什么今天你会坐在我的诊室里了吗？"

面对我的是沉默和一种无形的抵抗，我能感受到来访者的纠结，他高傲的外表下藏着一颗"坚强"的心，而幽闭恐惧症则是他所认为的弱点，他并不想袒露。我也陪着他一起沉默，过了很久他喃喃地吐出了一句："我不能乘坐电梯，只要是狭小空间都不行。我会感觉很恐慌、头晕、心跳加快，甚至晕倒过一次。"

幽闭恐惧症也属于焦虑症的一种。我问："这种情况是从什么时候开始的呢？"

他把手按在膝盖上，坐得笔直："应该是从接手我爸爸的公司开始的。我爸爸的产业遍布全球，最近又收购了一家人工智能公司，他是一位有名的企业家。"

"看来你爸爸很成功，那么他的成功和你的焦虑之间是怎样的关系呢？"我试着将问题深入。

他直接从座椅上站了起来说："你什么意思，你是说我没有能力吗？你是不是也觉得我德不配位，根本没有资格接管我爸爸的产业？"

"防御机制好强啊。"我内心思索着。

在心理咨询的过程中，如果对方对某一个问题表现得特别排斥，通常证明这个问题可能就是症结所在[①]。

我用安抚的语气说道："我并没有在质疑你，我关心的是你的症状怎么引起的。看你现在的表现如此激烈，你好像对自己没有完全的信心啊？"

听完我说的话，他好像泄了气的皮球一样重重地坐回了椅子上："太累了，我一直在怀疑我自己。大家都觉得我是中了'投胎彩票'，但只有我自己知道，我真的很疲惫。爸爸工作特别忙，对我要求也非常高，总是挑剔我能力不好，同时也一直警告我不要相信任何人，因为每个接近我的人都是为了

---

① Rice T R, Hoffman L. Defense mechanisms and implicit emotion regulation. *Journal of the American Psychoanalytic Association*, 62（4），693–708.

我的钱。好像除了钱，我就没有任何优点了。不瞒你说，我真的没有任何可以交心的朋友，虽然我每次出门身边都一大群人。他们都哄着我，但是我总觉得这些都是假的。"

"那你也很希望得到真实的情感交流吧。"我听了他的诉说回应说。

美国著名社会心理学家亚伯拉罕·马斯洛（Abraham Maslow）将人类的需要分为五个层次①。生理需要是第一位，安全需要排在第二位，包括稳定的收入、固定的居住地点以及个人和家人的健康等，含着金汤匙出生的他不会有这两层困扰。而位居于第三位的社交需要，指的是心灵上的归属感，包括朋友、家人和爱情等带来的被接受和理解的感觉。也就是说，无论是位高权重，还是富可敌国，我们都需要情感上的流动和真心的回应。

---

① HARRIS P. Maslow, Abraham（1908–1970）and hierarchy of needs［J］. The Palgrave Encyclopedia of Interest Groups, Lobbying and Public Affairs, 2022: 886–888.

"也许吧，但是我现在警惕心理特别强，甚至我连自己想要什么、喜欢什么都不知道了。"他自己也不知所措了。

"这可能才是最大的问题。你需要情感上的互动，可是你又因为警惕心过强而不愿意付出，所以任何关系从你的角度看，都会变成一种交易，不是吗？"我一边思考一边和他探讨，"情感的互动，无论爱情和友情，都必须是双方的。如果你觉得可以用钱买到感情，那你遇到的也通常会是那些愿意出卖'感情'的人。"

他默不作声地听着我的分析："你身边常年都围绕着一堆人，与此同时，你也在怀疑这些人是否用真心对待你。这种巨大的心理压力，会让你每次在封闭空间中时就觉得氧气不够。你的幽闭恐惧症应该也是这样得的。你内心真正害怕的其实你已经说出来了，就是你怀疑自己除了富有，一无是处。"

这是我第一次，也是唯一一次对他进行咨询。是的，他在那之后再也没有来过。这种情况其实在咨询中并不少见，如果本人没有做好袒露心声的准备，咨询师再努力也是毫无用处的。最好的心理工作者，也只能给你一盏指路的路灯，但这条路说到底还是要你自己走。

目前的执业生涯里，我确实见过很多世俗意义上非常成功、非常富有的人，但是我从这些案例中深刻地感受到：**钱并不一定会带来确定性，也就是我们通常所说的安全感。**

那么，我们如此缺乏安全感的真正原因是什么。其实很简单，就是因为害怕。害怕外界的不确定因素，也害怕自己应付不来，害怕孤军作战，害怕陷阱就在脚下，害怕跌下去后无法翻身。

害怕，的确有着非常强大的力量，让我们时刻小心，刀背藏身。无论我们是非常富有，是美貌无敌，还是才华横溢，有爱人陪伴，我们内心的害怕也不会因此而少一点。**因为，这害怕的背后，其实藏着我们对自己极大的不信任。**因为缺乏相信自己能力的内核，为了保护自己，我们就不得不把内心包裹起来。但是如果不打开内心，没有情感的互动，我们更加不会有安全感，哪怕活在人群里，我们每个人也是一座孤岛。

　　每一天都状况百出的生活中，肯定有我们不能控制的情况，我们不能控制别人的评价，不能控制失败。想要在一个不可控的环境里控制一切，我们最后便只能和恐惧做伴，筋疲力尽。

　　你画地为牢，自己出不来，别人也进不去。

　　美国盲人女作家海伦·凯勒（Helen Keller）从小就失去了视觉。在她的体验里，世界就是黑暗的，可以想象那是多么令人害怕和紧张。但她说："人类所谓的安全感，其实就是一种迷信，在自然环境中并不存在。想要避开风险长期来看其实更不安全。人生是一场勇敢的冒险，直面挑战，人们才更容易收获自由[①]。"

　　自由强大的灵魂，会让安全感由内而生。

　　对自我的不信任是没有安全感的最大来源。那么我们应该如何让自己的内心变得更强大呢？

[①] DAVIDSON M，WATSON W. Helen Keller［M］. New York：Scholastic Book Services，1997.

尹博士心理小妙招

- 在觉得没有安全感的时候，我们最需要做的就是自我察觉，去真正面对以及思考害怕这种情绪的意义。人们在未知或者不可控的情况下难免感到害怕。但是，本能和实际生活情境也是有误差的。我们真的有必要这么害怕吗？有没有可能是我们在面对"未知和不确定性"时产生了过激反应？又或者是原生家庭的生活模式让我们缺乏对自己的信任？又或者是我们还缺乏什么样的心理技能好好安抚自己？被安抚过的内心才有更清晰的思路面对挑战。我们感到不安全的时候其实也是一个重新调整自己的好机会。**只有明白害怕的缘由，我们才能一步一步打造对自己的信任。**

- 给成长以耐心。在学习任何新技能的时候，我们都会遭遇挫折，这是无法避免的，心理上的成长也是一样的。大家不要指望一下子将不安全感打败，这是一个循序渐进的过程，同时在成长的过程中，请将注意力放在自己的优势上，不要一味关注自己的弱势，进行自我贬低。

- **敢于寻求帮助，敢于表达情绪，敢于原谅自己，敢于信任自己。**对自己的肯定会让你更有安全感。你觉得安全，世界便是安全的。

做自己的主人，哪怕很难

"嘀"，电脑提醒我有一封工作邮件要查看，工作了一整天的我其实已经有点不耐烦了，但还是打开了那封邮件。令我意外的是邮件发自我曾经的一位来访者："尹博士，我想说您拯救了我的生活。我从来没有想到在自己 36 岁的时候还能实现去大学读书的梦想。如果没有你，就绝对不会有现在的我。"而邮件的附件则是一封大学录取通知书。

这封邮件把我带到了 8 个月前，我清楚记得见到她的第一次，因为我走进诊所的时候她正在和前台争论说要换咨询师。

她的理由是之前的咨询师不懂她的种族和文化背景。这个时候正好我走过大厅，前台秘书求救似的看了我一眼，对这位来访者说："这位咨询师是中国人，你觉得可以吗？"她上下打量了我一眼，说："那就试试她吧。"

那时候的我感觉自己好像是摆在货架上的商品一样，觉得好笑又好奇。那是我们第一次见面，而第一次咨询，就在一个星期之后。

这位来访者是非洲和印度的混血，个子小却气场十足，宽肩紧身裙和十厘米高跟鞋让她看上去带有一股攻击性的气场。她在走进诊室的那一刻上下打量了我一下，好像是在确定我是不是有资格做她的咨询师。我忍不住笑了说："怎么样，我通过面试了吗？"

气氛一下子就轻松了起来，她也笑了，说："对不起，我实在遇到过太多糟糕的咨询师了。"我说："那请你放低期待值，说不定我也不怎么样，但是我保证会努力倾听你的描述。"

她坐下来之后说："先声明，我的经历很复杂，所以我不希望你带着批判的眼光来'教育'我。"我想了一想说："我没有任何资格教育你，更不会批判你，谁没有被生活鞭打过呢？在这个房间里，我们都是平等的。你和我都需要面对生活的挑战。我能做的其实只有聆听与共情，如果这样做还能够给你一些力量，我觉得已经很满足了。"

心理咨询中一直存在的一个争论，就是来访者和咨询师之间的关系是否对等。有些咨询师会带着高高在上的上帝视角看来访者，认为自己是受过训练的专业人士，是来"拯救或者帮助"来访者的，但是高高在上的"教导"是不能让来访者展露真心的。

真诚也必须用真诚来交换，这是我坚信的原则。

我一直秉持真诚以待的工作理念，包括在咨询工作中。哪怕读了博士，哪怕接受多么专业的训练，也不代表你有资格去"拯救"任何人。**我一直坚信，尊重彼此的伤痛和经历其实更有治愈力，而咨询的最终目的是激发对方自愈的能力，而不是依赖咨询师的力量。**我向她分享了我作为咨询师的看法。听完我的分享，她神情里的警惕少了很多，身体的姿势也放松了下来，开始和我诉说她的过去和现在。

年仅 36 岁的她已经是一个 18 岁女儿的妈妈了。她的父亲在她出生之后不久就离开了。她从小和母亲相依为命，14 岁时她的母亲因病去世。之后她被社会福利机构送去寄养家庭，失去母亲的痛苦和不曾受到关心的寄养家庭让她开始在外面寻求温暖，和附近的小混混们走到了一起。她 16 岁就怀孕了，对方在知道她怀孕之后便失去了影踪。16 岁的她，一边打工一边拿着政府的一点点救济金生活。她从养老院的护理人员开始，慢慢做到了牙医助理，女儿也很争气拿到了大学录取通知书。

故事讲到这里，好像已经苦尽甘来，但是人生总是充满挑战。

她说："其实我心里一直有个洞。那个洞是我很需要爱。我曾经以为不停地恋爱或者照顾女儿可以填满那个洞，但是女儿长大了之后，那个洞越来越大，因为她也要离开我了。直到我遇到了我现在的男朋友，我以为终于找到了那个可以照顾我、爱我的人了。"

"这里会有个但是吧。"我稍稍打断了一下，并补充道："因为童话故事都不是真实的。"

她的眼泪夺眶而出说："对，童话都是骗人的。"

她接着说："第一次见的时候，他特别绅士。为了和我约会，他等了我整整半年。他人非常大方，对我女儿也特别好，最重要的是非常有才华而且经济条件很好。他说，他可以照顾我，让我辞职和他一起生活。我这些年内心也十分疲惫，确实很想有个温暖的家，所以很快接受了他的爱意，也很快就搬去和他一起住了。没想到，这竟是噩梦的开始。过了大概一个月的甜蜜期，我发现他对我控制非常严格，无论我去哪里，和谁出去都必须报备。他会监视我的手机，也会因怀疑我出轨而责问我，无论我怎么解释都不听。后来的情况越发糟糕，他之前的大方全部变为计较，他会一直提醒我是住在他的房子里，用着他的钱，他把家务全部给我，并且还会指责我做得不够好，一直贬低我。不瞒你说，我出来咨询也是趁他工作才偷偷跑出来的。"

我复述了一遍她的描述："所以，你以为自己得到了一个家，却是进了一个监狱？"

"对！这个家让我感到窒息，感到恐慌。看见他进门，我就开始紧张，害怕自己会被责骂、被挑剔。"

"这是明显的家庭伤害。虽然你并没有受到暴力对待。"我严肃地说。**家庭伤害并不仅仅是我们认为的家庭暴力。事实上，家庭伤害可以包括：对对方进行心理上的贬低；使用各种限制来达到控制对方的目的；对对方的行为过度控制或者恐吓等**[①]。

"他这样对你，你觉得离开还是很困难，对吗？"我轻轻地问她。

她点点头："你会不会看不起我？"

我坚决地摇了摇头说："不会。因为你没有过很好的被爱

[①] HILL J. See what you made me do：Power，control and domestic abuse ［M］. Carlton，VIC：Black Inc.，2021.

的体验，所以你把痛苦当作了常态。你很痛苦，但你并不知道该去向哪里，这些都是非常正常的表现。毕竟，你也说了，你内心的那个黑洞需要爱，需要稳定，需要照顾，他给你的最初印象就是这样。说不定你还会幻想你们可以一起回到最初的模样呢，那些你们曾经有过的甜蜜对你来说是从来没有过的体验，虽然如今他如此对你，你仍会念念不忘。"

"就是这样的，但是我内心也实在是鄙视自己。曾经，那么多苦我都熬下来了，我朋友都说我是他们见过的最坚强的女性，我也以为自己不会再被生活打倒了，但是我现在好像是一只被折断了翅膀的鸟，想飞都飞不起来了。我太累了，活得太累了。"说到这里，她已经泣不成声。

我能够感到那些她经历过的痛苦，这些新、旧创伤同时在攻击着她，让她疲惫又无力。鼓起勇气的过程是漫长的，也是艰难的。

后来的几次咨询中，有时候她还需要偷偷和我视频，不能来诊所。"我怎么会变得这么脆弱了呢？"有一次她哭着问我。

"有时候，生活留给我们的选择真的不多，我们要面对的困难可能不断地出现，而且确实无法逃避。一时的脆弱不要紧，我们不是超人，但是最终能够给你一个家的只能是你自己。如果你想要走出谷底，也许需要一个目标。所以我希望你可以从内心出发，思考如果可以走出这段有毒的关系，你会做什么呢？"有光才能从井底爬上来，我们对自己的期待就是那束光。

后面咨询的时候，她分享说："我女儿进了大学，我也想去大学学护理。你觉得我可以做到吗？"

"只要你想，只要开始，你就会有收获"，这并不是一句空空的鼓励之言，而是我自己的亲身体会。我也和她分享了自己半路转行读心理学的经历。心理咨询需要界限，但是偶尔我也会分享自己的心得。我也是一个不完美的人，同时在生活中挣扎着面对不同的挑战，这一点上我和许多来访者是一样的。

有了目标之后，她渐渐变得更加勇敢和独立，开始申请大学，也慢慢在感情中设立起边界，比如不再卑微地去满足对方的要求。她重新开始工作，尽量实现经济自由。

终于，在又一次被对方羞辱和贬低之后，她搬了出来，去了朋友家暂住，然后又存钱找了间自己的小房间。在又一次咨询的时候，她说自己不知道申请大学的自我介绍那部分应该怎么写。她觉得她到现在依然一事无成，担心不会有大学要她。

我说："你已经走出了你以为你走不出来的低谷，这已经完全证明了你自己。你的申请书就说说你的故事，因为你不仅值得被录取，也值得被敬佩。"

邮件的最后，她说她不但被录取了，还拿到了奖学金。我回复说："很为你骄傲，你最应该感激的是你自己，是你一步一步爬起来的，而这一切会让你更坚强。"

尹博士心理小妙招

- 虽然我们内心可能非常渴望有依靠，但是将自己的价值交予别人终究则可能面对更大的代价，所以希望大家勇敢、独立，直面困难重重的人生。

- 依附心态带来的就是把自己的人生自主权交到别人手里，被安排的人生其实不确定性很大。做自己人生的主人，哪怕很艰难。

- 经济独立才能精神独立，而精神独立才能自主生活。无论在任何关系里，我希望大家都能牢记这几点。

你才是自己永恒的家。照顾好内心的自己，你将收获温暖和丰足。

是母亲，也是自己

开学的日子又到了。最近这几年，英国多了很多伴读的母亲，无论在哪里，中国家庭都十分重视对孩子的教育 ①。这些母亲漂泊在外，远离家庭，独自承担抚养孩子的责任，个中辛苦实属不易。可是生活总是爱开"玩笑"，一个独自在英国的女性，再带着一个在文化冲突中长大的青春期孩子，那大概率可就形成一颗亲情中的"隐形炸弹"了。

这不，我面前的这位憔悴的中年母亲开始了哭诉："尹博士啊，你快点帮我说说我孩子吧。他刚 16 岁就已经完全不听管教了，现在还不去上学，我真的担心死了。我就这么一个孩子，自己带他来英国读书。五年了，又碰上了新冠肺炎疫

① WU D Y H, TSENG W-S. Introduction：The characteristics of Chinese culture ［J］. Chinese Culture and Mental Health，1985：3–13.

情，他爸爸三年多没过来了。就我一个人照顾他的吃穿，我英文还不好，还要给他请各种家教，手忙脚乱。这孩子本来挺乖的，就这一两年，怎么忽然完全不听话了呢？"

听完母亲的牢骚，我们再来听听孩子的。

她的孩子则在咨询里抱怨："我妈肯定是更年期了，动不动就喊我，就知道让我写作业。她根本不理解我在学校的处境，什么具体解决办法都没有，整天要么就不理我，要么就吼我。我要回中国，我不要和她一起生活了！"

这对母子从家里"吵到"咨询室，都觉得是对方的错。

其实从咨询师的视角来看，他们都没有错。他们只是同时步入了人生的改变期。这些改变不单单是指生理上，更多是指心理上的。正是因为这些无法控制的转变，才让他们原来的沟通模式变得无效，甚至还产生了反作用。而心理咨询需要做的就是将这个沟通系统进行升级换代，让它更适合母子间的交流。

我们先来看看母亲在更年期时存在的症状以及有关的生理、心理问题。女性一般在 47 岁左右进入更年期，症状可能持续五年甚至更久。在这段时间，由于体内雌激素等水平的下降，女性身体将出现内分泌紊乱等一系列症状。这些症状在每一个人身上表现都有不同，有的人会出现心率增快、头晕乏力、失眠、夜间盗汗等症状，有的人则会腰腿疼痛、腿抽筋，以及免疫能力下降、容易感冒等。只涉及生理上改变的话，问题倒还不算严重。根据现有的研究显示，更年期更会导致心理上的改变，更年期的女性更容易焦虑；面对同样的压力，也会更加敏感脆弱；更容易忘记事情；脾气更加不受控制，容易暴躁；自信心也会降低；也会因为失眠而抑郁，这些与青春期孩子的荷尔蒙变化是两个极端[1]。青春期的孩子，性格更加冲动，想要尝试新鲜事物，想要发展自己的独立人格，不想只听说教。

回到咨询室里，我看着哭泣的母亲说："这么多年你都在为孩子考虑，你应该很累了。你的身体现在告诉你，你可能

① EVANS W N, OATES W E, SCHWAB R M. Measuring peer group effects: A study of teenage behavior [J]. Journal of Political Economy, 1992, 100 (5): 966–991.

更需要多去照顾自己的身体和情绪。记得每次上飞机时，空乘的安全提示总会说'请先戴好自己的氧气面罩，然后再去帮助你的孩子戴上氧气面罩'对不对？现在我希望你能先给自己戴上氧气面罩，照顾好你自己。没有人生来就是母亲，除了母亲的身份，你还是你自己，所以你也需要珍惜自己。没有健康心理的母亲，也就没有健康的孩子。你的自我关怀，也会成为你儿子的榜样。"

她犹豫地看着我："这样是不是太自私了？我放心不下孩子。"

我想了想说："这么多年你一直陪伴他，他会觉得理所当然，也并不会因此感到珍惜。想让他珍惜你、共情你以及尊重你，你需要给彼此一些空间。"

在和孩子的咨询中，我也对这位青春期少年说："我明白你的焦躁，也明白你不被理解的心态，可是你有没有试图去理解母亲的心情呢？更年期这三个字不只是说出来这么简单，可能你并不了解这背后的意义。她现在的心态其实和你一样，她也是自己在慢慢摸索着走的。彼此都是第一次做母子，好好理解一下你的母亲，其实也是更了解你自己的生长轨道，不是吗？早晚有一天，你会离开母亲飞往更广阔的天空。到了那时候，就是母亲离不开你了。在你成长的过程中，你曾经也很需要妈妈。现在，你的妈妈特别需要你的理解和包容。"

青年时期固然是成长的好机会，但是谁说人到中年就该死气沉沉了呢？美国著名的发展心理学家爱利克·埃里克森（Erik Erikson）早在 1975 年就提出人格的社会心理发展理论。他把心理的发展划分为八个阶段，贯穿婴儿期至成年晚期[①]。

- 0 ~ 2 岁，建立对世界的信任感；
- 2 ~ 4 岁，慢慢开始发展独立意识（例如独自上厕所，可以自己穿衣服），并开始小心地探索世界；
- 4 ~ 5 岁，开始有家庭一分子的观念，并且对外部世界有强烈的探索意愿；

---

① MUNLEY P H. Erik Erikson's theory of Psychosocial Development and vocational behavior. [J]. Journal of Counseling Psychology, 1975, 22（4）: 314–319.

- 5 ~ 12 岁，想要证明自己在家庭外的能力，变得勤奋或者感到自卑，开始重视同龄人的意见；
- 13 ~ 19 岁，进入青春期，开始了对自我身份的探索，例如我是什么样的人，我的朋友是谁，等等；
- 20 ~ 39 岁，开始对亲密关系有渴望，对孤独感到敏感；
- 40 ~ 64 岁，对家庭有着更大的使命感，开始思索如何完成"我所认为的成功的人生"；
- 65 岁之后，有了对死亡的思考，这段时间开始会对人生进行回顾和反思，思考对于成为"我自己"的整个过程是否满意或者是否依然有很多遗憾。

更年期的女性（47 ~ 55 岁），需要在养育孩子之余找到属于自己的生活乐趣，尽量不要被困在"母亲"这个头衔里，对自己的固有认知也最好打破，为了成就自己而努力，这也是为了孩子进一步独立而做好准备。

我们的人生，只要你想要去改变，什么时候都不晚。父母的使命也不仅仅是抚养孩子，让孩子听话，而是让他们更有力量，并且能够面对他们自己的路程。大多数时候，父母的行为要远远比语言上的教育来得更直观，更有说服力。

母子之间的 8 次咨询很快就结束了，其间我们谈论了如何共情、青春期和更年期的特点，鼓励母亲勇敢说出自己面对的困境以及鼓励她主动向儿子寻求帮助。

咨询快结束时，妈妈的脸上也终于有了笑容。她说她开始每天运动，也和其他妈妈一样展开了更多的社交，自己也想找一些适合的工作去尝试，和孩子的关系也轻松了很多。如果实在控制不住脾气，也会对儿子撒娇求饶了，儿子"嫌弃"地瞪了她一眼说："说好，现在起我来哄着你。"最后他们彼此对看了一眼，一起笑着走出了诊室大门。

他们的故事可能就到这里了，每个人在某一刻都需要帮助，但是不说出来，没有人会知道。我们要坚信，真正的爱，是会理解和包容彼此的，就像这对母子一样。当我们把问题说出来，也就跨出了改变自己的第一步，这样我们将更能勇敢面对自己的困境，找到解决方法。

尹博士心理小妙招

- 第一，不要失去对自己生活的追求，珍惜你所拥有的。

- 第二，亲子关系很重要，但是你和自己的关系应该被
  放在第一位。

生活，总处于变化之中

每次只要一说出我的职业，新认识的人大多会非常兴奋地问我："你是不是可以猜到我现在心里正想什么"又或者是"你来分析分析我吧"。我通常会开玩笑地拒绝，但内心也深感大家对现代心理咨询的误解太多。

心理学和心理咨询都是社会科学科目，需要很多数据研究的背景和极多的案例总结。台上十分钟，台下十年功，任何行业都一样。心理治疗的过程大部分也是漫长和艰难的，如果一个咨询师非常"高效"，号称能在短期内治疗好任何症状，那么我对该咨询的"质量"则会产生怀疑。

心理咨询没有任何捷径可走，我之所以能这样认为，也是一名来访者教会我的。

　　博士毕业之后的那三年，根据英国医疗系统的规定，我们需要在公立医院工作三年以上才有资格申请进入私立诊所。英国公立医院心理诊所的状态就是"僧多粥少"，来访者的等候名单非常长，案例积压的也非常多，急需新毕业的博士生的加入以减轻医疗机构压力。

　　在英国，每个人大概每年都有 12 ～ 15 次的免费心理咨询机会。如果情况严重，咨询时间还可以延长。因为公立医疗资源紧张，心理咨询需求量远远超过现有的医院人手极限，所以每个来访者的等待时间往往也很长。一般，每位来访者至少需要 3 ～ 6 个月的等待期，甚至有些穷困的地区，等待时间可能超过一年。而分配给我的地方就正好是在那个最落后地区的医院里的一个最落后的心理咨询部门。

　　我的来访者大多在等候名单上等候了长达一年的时间。在这一年的等候时间中，哪怕是轻度抑郁也很可能恶化为重度，更何况很多来访者都是因为症状本身已经很严重才来就医的。在那 3 年里，我接待的大部分都是重度心理障碍患者，有着极高的人身风险。我的大脑一直在超负荷运转，左边是精神科住院部的紧急联系电话，右边是一大堆病历危险系数社区福利机构表格，我的内心充满抱怨："我怎么被派到了一个这么烂的地方。"

这位来访者进来咨询的时候，正值伦敦最冷的日子，外面雪夹杂着小雨，密密绵绵地下着。医院的空调因为年久失修坏掉了，只有一个小小的电热器，房间奇冷无比。我一边坐着发抖，一边写病历。这时，我听到了敲门声。进来的是一位非裔英国男性，我看着手里的资料，真的不能把 66 岁的年纪和眼前这位精壮的男士联系起来。

我再仔细看了一下手里的病历：非裔男性，66 岁，前列腺癌症患者，因为癌症复发而引起抑郁症，等待治疗时间：一年。

但是这病历里的任何一条都好像和我面前这个人没有一点联系。虽然是冬天，他也穿得不多，脱下外套之后紧身的卫衣几乎可以看见他每块肌肉的走向。我以为等了一年才得到免费咨询的他，在自我介绍完后，会马上抱怨这个系统的不公平，又或者马上开始倾诉他的症状，但他只是非常安静地打量着我。我接受着他的注视，两个人都不说话，我几乎能清晰地听到旧电热器发出的嘶嘶声。

这种咨询中的安静时间，也叫作治疗中的静止 ①。在咨询中，这种"静止时间"非常常见。毕竟对很多人来说，要对陌生人倾诉心声非常困难。这在我自己作为博士生接受必要咨询体验课程时的感受是一模一样的，我也会打量我的咨询师，毕竟对陌生人带有自然抗拒的屏障也是我们心理保护机制中的一种 ②。

刻意安静会让时间的流逝显得特别漫长。终于，他打断了这种安静，问了咨询中的第一个问题："你是中国人吗？"我点了点头。

---

①　SHARPLEY C F. The influence of silence upon clinet-perceived rapport［J］. Counselling Psychology Quarterly, 1997, 10（3）: 237–246.

②　DI GIUSEPPE M, PERRY J C, CONVERSANO C. Defense mechanisms, gender, and adaptiveness in emerging personality disorders in adolescent outpatients［J］. Journal of Nervous & Mental Disease, 2020, 208（12）: 933–941.

他继续问："你知道李小龙吗？我是李小龙的崇拜者，学了很多年咏春拳，还是空手道黑带，拿过世界冠军。"

果然，高手在民间。那一刻，为"中国功夫"真心骄傲的我说："您好厉害啊！这太棒了！"可紧接着我就听到他叹了一口气说："可你也知道，我得了癌症，手术过一次，但是又复发了，现在正在等待第二次手术。和我的癌细胞一起被切除的，还有我的力量感和掌控感。我觉得自己好像不是一个男人了，哪怕现在依然保持着每天健身 6 小时的习惯。"

我大概也了解过一些前列腺癌手术之后的恢复问题，包括需要安装导尿管和失去性欲等，这会对男性自尊带来很大的影响，也直接导致了他抑郁的发生。

就在我想要安慰他的时候，他忽然带着挑衅的口气说："我已经这样了，你还能帮上什么忙吗？"

我愣了一下，然后仔细思考了之后轻轻说："陪伴你。"

我确实也不能做什么，只能对他进行疏导、安慰，用各种技巧来带他走出抑郁的状态。但是就在那个当下，说这些好像都不重要，因为他失去的我确实补不上来，而我很确定可以做到的就是陪伴他。

不要小看陪伴的意义，美国著名心理学家卡尔·罗杰斯（Carl Rogers）在人格理论中提出，陪伴是一个至关重要的部分①②。卡尔·罗杰斯被认为是现代心理学人本理论的创始人之一。卡尔·罗杰斯的人格理论认为，人的内心有着向上的力量，这和人性本善论有着异曲同工之妙。

罗杰斯认为，如果在一个有足够爱和陪伴的环境里，我们内在自我和外在自我都会发展得相对协调一致。这样我们会更容易成为一个相对自洽的人，而自洽在他的观念里包含着：坦诚地对待自己的经历；生活在当下；愿意相信和尊重自己的感觉，拥有深刻的共情能力。

①　BARRETT-LENNARD G. Carl Rogers' helping system: Journey and substance, 1998.

②　SELIGMAN M E, RASHID T, PARKS A C. Positive psychotherapy [J]. American Psychologist, 2006, 61（8）: 774–788.

反之，当我们缺少一个充满爱和陪伴以及尊重的环境，我们内心的自我和外在的自我就容易产生剧烈的冲突，导致各种心理障碍的产生。

在我给出了回答之后，来访者问我说："你确定吗？这条路会异常艰难。"

我说："请让我陪伴你走过这一段路吧，这也是我的荣幸。"在以后的几次咨询里，我渐渐知道了更多关于他的过去。他之所以学武术是因为他的父亲非常暴力，甚至在他 7 岁的时候就曾经对他拳打脚踢。在社会福利机构干涉后，他虽然从暴力的父亲身边离开了，却在新的寄养家庭遭受了进一步伤害。

他在一次咨询中告诉我："我习惯了睡觉前反锁所有的门窗，还必须放一把小刀在枕头下面。我必须学会保护自己，所以我才学功夫。但是当我觉得我自己足够'强大'的时候，我却生病了。"

这位来访者从小就一直在为保护自己而斗争，同时他也对过去有很多的愤怒，对现在的自己有很多的不甘，这些情绪都是他抑郁的来源。

"你这一路上很辛苦吧。"我说，"但是你想想，你现在也不需要去斗争了呀。"那一刻听到我说的话之后，他的表情非常震惊，然后默默重复了一句："不需要斗争了。"然后他的眼泪掉了下来。

在耐心陪伴了他 15 次之后，他说："我从来没有把这些经历告诉过任何人，我觉得他们都会嘲笑我曾经的软弱。我以为只有靠搏斗才可以生存。但是今天你让我知道，最起码有一个人，不会因为我的过去而评判我。"

我说："不，是最起码有两个人，别忘了还有你自己。"

在咨询告一段落之后，他的状态肉眼可见地放松了很多。他在最后一次咨询的时候对我说："你的陪伴让我看见了自己的内心，而从现在开始，我也会好好陪伴自己的。"

是的，我们拥有我们自己。人生这条路，一路走过来虽然

坑坑洼洼，但是不代表我们就不能疗愈和自洽。因为我们天生有着对内心愉悦的向往，在以后的日子里，我们同样可以在咨询里学会无条件爱自己，关怀自己，陪伴自己。这是心理学中行之有效的治疗内心创伤的方法[①]。

过去无法改变，现在就在脚下。我明白你曾经的痛苦，我看见了你受过的伤害。但是，我相信，你可以自己走出来，因为你确实想走出来。而我能做的，就是陪伴。通过我，你看见自己来时路的艰辛，你体会到自己的力量，你明白你想要的自我，关注自己的感受，然后一步一步让自己的内心和外在靠拢。

在公立医院工作的那段时间，我接到过无数卡片、花、巧克力、病人自己的画作、信件与拥抱和许多来访者的赞扬。那段经历对我来说最重要的是，我放下了对咨询师职业以及博士学位的自大。我看到了自己的局限性，也经历了面对他人困境却无法改变的无力感，但同时我也更加体会到了耐心和陪伴的治愈能量。我学会了尊重我的来访者们，甚至佩服他们面对生活困境的勇气。其实他们最应该感激的是他们自

---

① NELSON-JONES R. Six key approaches to counselling and therapy [M]. London：Sage Publications Ltd，2011.

己，因为是他们自己，通过这条疗愈之路，找到了继续生活下去的勇气，他们也已经走在治愈的路上。

在寻找自我的路上，我们需要对自己有耐心、关怀以及爱。老实说确实很难，但是心里那盏灯不能灭。**卡尔·罗杰斯说，美好生活是一个过程，而不是一个存在状态。它是一个取向，而不是一个终点**[①]。而今天的尹博士心理学小贴士，就是要提醒大家记住 4 件事。

尹博士心理小妙招

- 对自己保持共情力。

- 保持真实。

- 永远无条件接受自己，哪怕你还不是内心所期望的样子。

- 记住，你已经在路上了。

---

① ROGERS C R, KRAMER P D. On becoming a person：A therapist's view of psychotherapy [M] . Boston：Houghton Mifflin, 1995.

CHAPTER

4

第四章

让我们真正学会爱自己

从"喜欢自己"开始

心理学家荣格曾经说过一句话：你没有觉察的事情，也许会变成你的"命运"[1]。

九月是伦敦最好的季节，秋高气爽、阳光高照。而她却穿着一身灰扑扑的工作服，把自己裹得严严实实，头发油油的，貌似很久没有洗过了，脱下大衣后只剩一件单薄的衬衫，衬衫扣子也扣错了一个。

我的直觉告诉我："她应该已经很久没有好好照顾自己了。"

---

[1] DE QUEIROZ F S, ANDERSEN M B. Psychodynamic approaches [J]. Applied Sport, Exercise, and Performance Psychology, 2020: 12–30.

咨询开始后，她没有说过一句话，好像一直沉浸在自己的思绪里。

我轻轻地对她说："我已经看过你的初检报告和抑郁指数了，但是我想听你自己告诉我，为什么你今天会来咨询，好吗？"

她抬起头，看了我一眼，说："我来，是因为我觉得我是一个完全的失败者。"

"是什么事情让你有这样的感受呢？"我问道。

"我刚被公司辞退了。可你知道吗？我在那家公司做了15年了，那几乎是我的全部。我每天最早到公司，就为了给大家开门。公司琐事一大堆，别人不愿意做的都推给我做，哪怕我本来有休假计划，如果同事要求，我也会取消我自己的休假让他们去休假。我从来没有拒绝过任何同事的要求，也尽可能帮助他们，但是现在呢？公司架构一调整，第一个被辞退的就是我，我好像垃圾一样被扔了出去！"

"看来为了工作，你牺牲了很多。"边说我边递过去一杯茶。

她叹了一口气说："我只是不想拒绝别人。"

喝了茶，思考了半晌，她接着说道："我觉得如果我拒绝别人，别人就会讨厌我、抗拒我。更糟糕的是，我觉得我会不再被别人接受和喜欢。"

"你很怕别人拒绝和不喜欢你吗？"我反问她。

"当然啊，每个人都会在乎别人的评价吧，每个人也都希望被喜欢吧？难道你不是这样的吗？"她理所当然地回答我说。

人天然具有社交属性，这也代表着大部分人在开始建立人际关系的时候，都期待被人理解、接受和喜欢。因为被接受和喜欢可以从某种程度上来证明我们的价值，我们的存在。这些都是来自心智最底层的安全感、价值感、幸福感、意义感。

从进化心理学的角度来说，人类的起源就是建立在团队合作之上。外出觅食的时候，面对凶猛的野兽，掉队的人下场总是不太乐观，而被团队摒弃、排斥的人，面对险恶环境，孤身生还的机会也不大 [1]。虽然已经过去几万年，但是不想掉队、不想被排斥的基因却已经深深刻在我们的防御机制里。

人们都会因为被拒绝或者不受欢迎而感到失落，这是理所当然的。但是如果为了得到别人的喜欢，你完全改变自己，并且在被人拒绝或者不欢迎的时候感受到巨大的伤害，那么这就标志着你对自我的接纳出现了问题 [2]。

"我反而更想问你另一个问题，就是，你喜欢现在的你自己吗？"我问道。

"我喜欢我自己吗？"她下意识地重复道，时间过了好像一个世纪。她摇了摇头回答说："我自己有什么好喜欢的。我

[1]　FROHARDT R, GILBERT D, WEGNER D, et al. Study guide to accompany psychology, second edition by Daniel L. Schacter, Daniel T. Gilbert, Daniel M. Wegner. New York, NY: Worth, 2011: 26.

[2]　BERNARD M E. The strength of self-acceptance: Theory, practice and Research [M]. Berlin: Springer, 2015.

很糟糕，我并不喜欢我自己。"说完这句话，她再次陷入沉思，然后又问我："怎么才是喜欢自己？我要怎么做才能喜欢自己呢？"

"这真是一个很棒的问题。我们的咨询旅程也将从这里开始，我会帮助你慢慢喜欢上自己的，你也要努力，比如说从好好照顾自己的身体开始。我觉得，我们已经有了咨询目标了。"

那天她离开咨询室的时候，站起来离开的姿势似乎比刚来时都笔挺了一点。

这位来访者的内心总是下意识地认为，"如果不首先满足别人的需求，就不会有人喜欢她"，这是一种无意识地对自己的不接纳。那么，这种自我的不接纳又来自何处呢？在我所经历的案例中，这样的心态背后大多数都藏了一个过于顺从的孩子。

那些从小渴望得到肯定的孩子，家庭环境不稳定的孩子，不敢表达自己情绪的孩子，渴望被爱和看见的孩子，有很大

概率会在成长过程中逐渐变成不喜欢自己，觉得自己不够好，习惯用排斥的词语评价自己的成年人。

那些过去的体验和创伤，让他们在长大成年之后依然习惯将他人的意愿放在自己的需求之上，可惜无休止的付出并不一定会被珍惜，结果也不总是尽如人意。

了解到她的症结是不喜欢自己之后，我咨询和治疗的重心转变为鼓励她重新喜欢并且爱上自己。让她知道，哪怕在成长体验中并没有得到过真正的爱护和被看见的温暖，我们也可以重新获得充沛的爱。

事实上，在大多数人的成长过程中，爱的缺失是一种常态，但是这不代表我们不可以学习爱自己。例如，咨询中我会激发她内心的动力，并且鼓励她主动发掘自己身上的优点，也许只是曾经没有人看见，只在等待被她自己发掘。无论这个优点多么小，我们也要努力去找到，也要努力去看到自己的珍贵和珍惜自己的付出，因为这是我们喜欢上自己的源头。

　　我也会鼓励她多做一些力所能及且能马上得到快乐的事情，例如参加一场和朋友的小聚会，进行一次说走就走的旅行等。

　　咨询之外，她也慢慢把自己的身体健康和心理健康放到了更重要的位置上，积极主动地、由内而外地了解自己。她开始回忆起那些曾经让她非常快乐的事情，开始去找回那些为了工作而牺牲的爱好。很棒的是，她开始学会时刻观察自己内心的情绪需要。

　　迈出这一步之后，她也变得更有勇气尝试不同的新事物。比如，她开始了一些户外运动，从一开始的散步到慢跑，从家门口附近到每天三千米。每次的咨询她都肉眼可见的有进步，从灰扑扑的工作服到颜色鲜艳的瑜伽裤，从油腻的头发到利落的短发，从素颜到点缀的口红。这些微小的改变，都来自她内心对自己的探索和反思，我能感受她在渐渐培养"自己喜欢自己"的习惯了。

　　其实，这个来访者代表了大多数"善解人意，懂事听话的我们"。如果太在乎别人的感受和评价，我们会习惯性地

"忘"了自己的内心需求——无论大事小事，都以别人的意见为主，息事宁人，不敢将自己内心的不满表达出来，好像自己的感受不被重视是理所当然的，不愿意和身边的人起冲突，宁可委屈自己，也不想拒绝他人。

扪心自问，难道我们真的不会羡慕那些活得潇洒，随时可以说 NO 并且没有心理负担的人吗？他们从不委屈自己所以活得真实，哪怕这张扬的性格没有得到所有人的喜欢，他们也丝毫不介意。反观我们，却被困在了"需要被喜欢"的框架里，把自己的内心牢牢封闭起来。

要知道，尊重自己、爱护自己和尊重他人绝对不冲突，真正良好的互动关系是建立在彼此互相尊重的基础上的。如果拒绝会让对方讨厌你，那么他其实也从来没有尊重过你。

喜欢自己，在心理学里代表的是自我接纳和爱护自己；而不喜欢自己，则代表着对自己的不接纳和自我忽视。我接诊

的各种案例，以及最新的心理学研究都表明，不喜欢自己的人，缺乏对自我的接纳，他们的行为是十分分裂的[①]。

想要左右逢源，不得罪任何人，最终伤害的只会是我们自己。如果我们不接纳自我，那么就像是在和自己真实的感受做斗争，仿佛在钢索上行走，不仅时刻会被别人影响，内心也充满不确定感。真正的自我接受和自我爱护指的是对自己抱有足够多的包容和感激，我们珍惜自己的付出，也会对自己的努力多加鼓励。最重要的是，我们需要明白：无论身在何处，状态如何，我们都值得爱和尊重。这种发自内心的呵护，将会让心理障碍离你而去[②]。

不喜欢、不接纳自己的人会有很多理由：害怕被拒绝，害怕被排斥，害怕自己不够好，害怕不被人喜欢。而接纳自己根本不需要任何条件和理由。就像卡尔·罗杰斯（Carl

---

[①] FERRARI M, YAP K, SCOTT N, et al. Self-compassion moderates the perfectionism and Depression link in both adolescence and adulthood [J]. PLOS ONE, 2018, 13（2）.

[②] MADDI S R, HARVEY R H, KHOSHABA D M, et al. The relationship of hardiness and some other relevant variables to college performance [J]. Journal of Humanistic Psychology, 2011, 52（2）：190–205.

Rogers）说过的那样："我们随时可以无条件爱自己。"① 这一信念，也将在我们面对人生各种挑战伤害甚至感到绝望的时刻，变成我们御寒的毛毯，陪伴我们渡过一个又一个难关。

请记住，无论何时，你最珍贵，你是世间独一无二的珍宝。

在最后一次来咨询的时候，她对我说："我找到了一份新工作，这次我要把自己的感受放在第一位，因为我现在开始慢慢喜欢自己了。"

这就是心理咨询的力量。走这条爱上自己的路绝不简单，甚至极度困难，但是选择权在你手里，随时开始都不晚。现在，就是爱自己最好的时机。

任何习惯的培养在最开始的时候是困难的，爱自己这个习惯也是一样。这里我也准备了一些尹博士心理小妙招，来帮助你更好地感受自己、认可自己、接纳自己、珍惜自己、喜欢自己、爱上自己。

---

① FRIEDMAN M. Maurice Friedman：On Martin Buber［J］. PsycEXTRA Dataset, 1983.

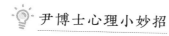 尹博士心理小妙招

- 学会察觉自己内心的情绪。你的想法、你的感受、你的动力、你的反应等对你来讲很重要。

- **学会拒绝。这也是认可自己的关键一步。**我们要时刻牢记并明白，自己是有选择空间的。面对他人的需求，我们完全可以说"不"。即使你不懂得拒绝，也可以微笑着摇头，因为你有权利跟随自己的本心。

- 要从小事上开始，慢慢开始肯定自己。自卑和否定自己并不能让你走得更快更远，真正能带你走得更远的，是希望，是乐观的心态。当你把目光重新放到自己身上时，你会发现，你是自己最大的英雄。

- 保护自己的时间。对自己的时间有牢固的观念，有明确的时间边界感。你可以选择帮助别人，但是请先照顾好自己，让自己有愉悦的时间空隙，而不是竭尽全力去讨好别人。在答应帮助别人的时候，首先要和对方设定好时间，例如"我可以帮你做这件事情，但是

我现在真的很忙，只能给你一个小时"，等等。这样既能保护自己的精力，也降低了对方的期待值，也许同时会让对方更珍惜你付出的时间。

• 懂得原谅自己。尽量不要用苛刻的语气对自己说话，例如"我什么都做不好，我又做错了"之类的话。错误可以带来学习和成长，而这是正在成长的你应该珍惜的。

• 懂得识别"建设性意见"和"恶意批评"的不同。对那些对于我们的痛苦视而不见的人，那些不能真正倾听我们的人，那些长期打压我们的人，要坚决设立社交边界，做到尽量不来往。你现在能够给自己最好的礼物，就是学习爱自己。就好像社会心理学家布伦·布朗（Brené Brown）博士说的："在自己的人生故事里坚定地爱着自己，是你能为自己做的最勇敢的事。"

不要让自怜变成自我束缚

不少人都有过这样的时候，可能是被迫加班，可能是突然被辞退，又可能是失去了爱人，等等。各种遭遇都会在那一刻让我们感觉自己是世界上最可怜的人。有句话说道："免我惊，免我苦，免我四处流离，免我无枝可依"，每个人都希望过上安稳和平静的日子。可是大家有没有想过，如果你真的完全生活在温室，你的自我又要被如何安放呢？

我有一位四十多岁的来访者，在刚走进诊室时，她整个人看起来十分颓废。

她对我说的第一句话就是："我太失败了。"

我不禁反问道："你觉得自己失败在什么地方呢？"

她回答说："我今年42岁了，可是还没有家庭和孩子。我多么渴望拥有一个自己的家庭啊，但是这点愿望我都达不到，我不是很失败吗？我甚至这辈子都再也没有做妈妈的机会了。"说到这里，她又忍不住抽泣起来。

"做母亲是你的心愿吧，这对你来说很重要，对吗？"我尝试着引导她走进自己的内心深处。

她坚定地说："是的，我的童年颠沛流离，我想通过做一个最好的母亲来弥补我自己童年的遗憾。虽然我这么多年努力工作，现在也确实有个稳定和有成就感的工作，但我的生物钟已经开始不等我了。"

她面带悲哀："这两年，我一直在相亲，从不错过一次约会，还被男人骗了一笔钱。我甚至降低择偶标准，但结果都是以失望而告终，我已经绝望了。"

这一系列打击，让她开始自怨自艾，也让她开始对一切社交都失去兴趣。她从内心开始觉得自己就是一个不幸的人，人生也难以改变了。曾经每周都会打扮得光鲜亮丽去约会的她，现在慢慢变成了一个不爱出门的人，经常穿着睡衣、抱着红酒和冰激凌打发时间，就这样，一个周末又一个周末过去了。看着身材日益臃肿的自己，她更觉得沮丧，连班也不想上了，这才来寻求帮助。

我问她："当你一个人独自过周末的时候，你都会想什么？"

她说："我会觉得自己真可怜。我那些有家庭、不单身的朋友才不会一个人孤孤单单地过周末呢。他们可能都在公园陪孩子，或者去电影院约会去了。不像我，连只宠物都没有。"

她还说："我经常会一个人一边喝酒一边哭，觉得我太不幸了，居然连个伴侣都找不到。现在我已经心灰意冷了，觉得自己已经这么老了，还这么胖。我这么丑，我的一生都浪费了。而且，正是因为每天都觉得这么难熬，我逐渐离不开酒精，本来只是周末偶尔会喝，现在工作日下班后我也会默默喝一瓶，好让自己快点睡着，导致白天的工作效率也非常低。老板刚找我谈话，警告我如果再这样下去，下一次的辞退名单上应该就有我了。我觉得他们不太体谅我，这也太不公平了。但是如果没有了工作，我更不知道要怎么生活下去。"说完，她又泣不成声。

"可是你知道吗？这是种自我可怜。过度自我可怜已经耗尽了你全部精力，让你失去了思考能力。你确实很难过，但是你的行为却没有一点成长和变化，改变从何开始呢？当你内心的自怜情绪没有被好好理解或者消化时，大脑便不能吸收其他养分，这些负面情绪不会带来质变，帮你改变，反而会不断地累积，产生量变，让你的思绪越来越堵塞。"我边说边递过去一些纸巾。

自我可怜，从心理学上来说有四大危害[①]。

第一，自怜会导致情绪自困。自怜在我们和我们的生活目标中间筑起了一道高墙，让我们看不见目标，也觉得自己跨越不了自己的过去，从而被困在失望和无助的状态中。

---

① STÖBER J. Self-pity: Exploring the links to personality, control beliefs, and anger [J]. Journal of Personality, 2003, 71（2）: 183–220.

在这个案例里，这位来访者就认为自己没有未来，已经浪费了一生，再也没有机会组织家庭和拥有自己的孩子了。要注意，在陈述这句话的时候，她用的措辞全部都是过去式。过去无法改变，对她来说，如果沉溺在过去的循环里，那么任何努力都是徒劳的。

过去的失败相亲体验，导致她不愿意再去尝试。当下的她会有这样的反应是非常正常的，但是努力，仅仅是为了获得成功吗？同时，我们是不是需要把别人的反馈和自己的动力联系在一起？她在哪怕失败的相亲过程中是不是也曾经得到了愉悦感？这些都是我在咨询里让她思考的问题。

第二，自怜会导致我们不停地比较。爱比较是许多糟糕情绪产生的直接原因。我的来访者只看到了别人的快乐，却忘了那只是其他人生活中的一面。为人母时同样如此，养育孩子的过程中不仅仅有欢笑，还有尿片和无休止的哭闹，母亲也会失去自己的时间，肩负巨大的责任。有伴侣也不等于拥有快乐，维持一段感情需要双方不断妥协、磨合。两个人在一起相互折磨的故事，我们听得还少吗？

去羡慕、嫉妒还是好好过自己的生活？这也是我和她在咨询中会探讨的问题。因为她不曾拥有，对婚姻的期待值就会非常高，导致相应的玫瑰色滤镜加重。我会对她说："拿掉滤镜，看清事实，才能保持一颗平常心。"

第三，自怜会让我们忘记自省。自我可怜，会让你觉得自己非常特别。当然，我们都是特别的。我们在某一刻的痛苦体验，对我们的整个人生来说其实并没有那么重要。更何况，当我们觉得我们的痛苦"独一无二"的时候，就会封闭自己，不再寻求帮助，因为我们会觉得这个世界没有人会了解我们。

列夫·托尔斯泰（Lev Tolstoy）曾说："幸福的家庭都是相似的，不幸的家庭各有各的不幸。"[①]但是从心理学角度来看，大部分人的大部分痛苦源头其实都相似，人们的痛苦多来自自我封闭。

第四，自怜会让我们在不经意中成为情感绑架者。认为"你看，我已经够可怜了，所以全世界都更应该体谅和迁就

① 列夫·托尔斯泰.安娜·卡列尼娜［M］.北京：人民文学出版社，2020.

我。"而当世界不"体谅"他的时候，自怜者会愤怒——我难过，所以我不需要履行承诺；我痛苦，所以你必须顺从。在来访者的诉说过程中我渐渐得知，在她一直抱怨之后，她的朋友也越来越少了。

我说："如果你想要摆脱困境，你必须知道，你的人生在很大程度上仍在你的手里，你可以自己去寻找快乐。但是如果你一直自怜，就不会有更多的力量面对困难。"咨询之后的她，也慢慢尝试改变。她开始健身，减少喝酒，努力工作，享受约会，享受单身，通过她自己的努力，迎来了改变。

自怜并不等于自爱，但什么才是真正的自爱呢？是购物吗？购物只不过是一种非常浅薄的奖励自己的方式，和自爱还是有着很大的区别。

自爱，从心理学角度来说有三个方面，包含自我尊重、自我接受，还有自我原谅。

你的努力，你的优秀，你的坚持，需要被你发自内心尊重；你的尝试，你的妥协，你的难堪，需要被你发自内心接

受；你的痛苦，你的放弃，你的失败，需要被你发自内心原谅。

你才是自己最好的朋友，你应该愿意倾听自己，愿意善待自己，愿意照顾自己。而不是等着别人聆听、善待、照顾。

自爱是一个非常大的话题，也是我们需要一生努力学习的功课之一。

尹博士心理小妙招

- 停止和外界比较，将眼光从别人身上撤离，否则你很难找到属于自己的光芒。

- 请放大努力的过程，而不是努力的结果。比如参加朗诵比赛，虽然你没有得到奖，但是努力克服了紧张走上讲台也值得鼓励。不要太在意结果，努力享受跨越障碍的过程，这才是最终跑起来的动力。

- 学着面对真实的自己。你可以保持一天的素颜，也可以写下自己内心脆弱的想法，然后说哪怕这样的我，我也接受自己。虽然一时半会儿你可能做不到，但没有关系，慢慢来。

什么是婚姻的"终极任务"

"如何识别渣男？""哪个星座最适合当伴侣？""什么样的人适合做结婚对象？"这些话题都是当下年轻人最关注的，同时经久不衰。

当物质的生活水平上升后，我们对婚姻恋爱的要求就会理所当然地提高，每个人都想在婚姻和恋爱中得到情绪价值，生活安定，但是什么样的伴侣才是"对"的人呢？我们要先从了解自己出发。

从心理学上来说：我们自己是什么样的人，就会爱上什么样的人。所以，清楚了解自己，才是婚姻的"终极任务"。只有真正了解自己，我们才能明白自己在感情中最需要的是什么。

　　我的这一位来访者刚结束一段长达十年的婚姻，陷入抑郁。她在走进诊室时，虽然穿着红色的衣服，但是脸上的苍白和憔悴难以掩饰，她说："尹博士你知道吗，我昨天刚在离婚协议书上签了字。在签字的那一刻我感到了一丝丝的轻松甚至是解脱，但是随之而来的是内心巨大的悲哀。我为我的两个孩子而悲哀，也为我的失败而悲哀。"

　　"为你的失败而悲哀？是不是可以理解为，是你觉得你十分努力了，但是婚姻依然走到了终点？"我问。

　　"一部分吧。其实我的父母也离过婚，作为一个离异家庭的孩子，我从小见证了他们的挣扎，又要适应他们彼此拥有的新家庭，导致我整个青春期都非常痛苦。我一直觉得自己没有一个真正的家，从那时开始，我就暗暗下定决心——我如果结婚绝对不会离婚，坚决不让我的孩子也经历这样的痛苦，但是现在，我还是失败了。"

　　"那确实是一种很糟糕的感受，你愿意和我分享一下之前婚姻里的细节吗？也许我们可以找到一些让你在婚姻里感到如此痛苦的线索。"

坐在我对面的她将身体更深地陷入椅子中，开始了沉思和回忆，"十二年前，我们刚认识的时候，我觉得他非常稳重，工作也稳定，虽然话不多，但是相处下来是一个负责任的男人。要知道，我的父亲常年酗酒，也从来不顾家，对我来说那是最大的阴影。遇见了我前夫后，我甚至感觉他是老天给我的礼物，他让我能够体会到家庭的温暖，所以恋爱没有多久我们俩就结婚了。"

　　心理学曾经有一项研究表明，我们在选择伴侣时会下意识地将我们的父母作为标杆。**如果一个人曾经得到充沛的爱，那他选择的伴侣也会温暖乐观；反之，一些人出于对原生家庭的恐惧，会下意识选择可以弥补我们失落的童年的伴侣类型。**弗洛伊德提出的恋母情结和恋父情结也可以从侧面证明这一观点[1]。

　　为什么会有这样的倾向呢？因为我们从父母那里得到的是第一次被珍爱或者被伤害的体验。在某些程度上，这种情感

① FREUD S，GAY P. The freud reader. New York：W.W. Norton，1989：664–665.

模式会逐渐演变成我们寻找伴侣时的指南针，为我们以后的情感生活定下基调。

但是这个指南针准确吗？它真的可以带我们找到归属之地吗？

来访者对我说："曾经我坚信，只要我找到一个与我父亲性格、生活习惯完全相反的人，就会得到幸福而完整的婚姻。但是我想得太简单了，虽然我的前夫没有我父亲的坏习惯，但是这绝对不代表他是我的理想伴侣。比如，结婚前我觉得他话不多很稳重，结婚后他的话不多却演变成不沟通、冷暴力。他在许多事情上都拒绝和我沟通讨论，特别是在孩子的各种教育问题上。我因为这种冷战和情感上的一再被拒绝而变得歇斯底里。在一次冷战之后，我又和他大吵一架，然后忽然瞥到了镜子里正在疯狂怒吼的我，这一下子让我想起了我父亲酒醉之后的模样。我突然发现，我的婚姻正在把我变成自己最讨厌的样子。也正是在那个时候，我下定决心离婚。"

"这样的领悟来之不易吧。"我轻轻地说。

人为什么需要感情？为什么要步入婚姻？因为我们想为自己的心找一个家。但是如果要去建立一个"新家"，就要尽可能有选择性地避免"旧家"带来的一些投射或者阴影。如果你爱自己，你就有能力去爱别人；而如果你讨厌自己，你也不会真正地接受别人，别人其实是我们内心的一面镜子。

"你的身上带着深深的原生家庭影子。在刻意拒绝原生家庭'影响'的背后，你可能也正在无意识拒绝自己。你觉得你是一个爱自己的人吗？"感情里并没有所谓的"指南针"，在选择与她父亲性格完全相反的人的背后，她所寻求的"安全感"可能并不稳定。

她长叹了一口气："这十年的婚姻里，如果硬要说婚姻带来的成长，那就是我终于明白了一句话——找个和父亲相反的人并不能让我快乐，我的快乐还是要自己去寻找。"

"所以你好像并没有完全失败，不是吗？婚姻也是一种体验，你也获得了成长，就当它为一个加油站吧，情感加油站。你的停顿是为了更好地前行并且找到你自己。"生活中的一切，都是为了帮助我们获得成长。

"是的，我要先学会治愈自己，爱上自己，这才是最重要的。"她感慨地说道。

接下来的咨询时间里，我们一起去探索她内心对亲密关系真正的渴望，并且帮助她接受自己。

我问她："假如我有魔法可以抹去你原生家庭带来的痛苦，你觉得你会变成一个什么样的人？"虽然我肯定没有魔法，但在咨询中，这样的提问往往可以听到来访者内心真正的声音。

她想了很久，忽然脸上带上了微笑："我应该是一个开朗，随时会大笑的人。我会愿意冒险而不是做出最保守、最安全的选择。"说着，她的笑容也跟着浮现出来。

"你要知道，你现在依然可以。你可以大笑着去冒险，因为做真正的自己在任何时候都是不晚的。"我也微笑着回应。

我们一起见证了她抑郁的好转，她开始重新约会，而这次她对约会对象的首要条件变成：性格开朗，具备幽默感。这是她从自己内心的真实需要出发所做的决定，而不是为了躲避吵架而做出的所谓最安全的决定。

真正的内心所向最终才能带你启航。情感，特别是婚姻，是人生非常重要的一个话题。我们需要勇气，需要试错，需要一点点幸运，但是最重要的是我们需要先爱上自己。

"爱自己才能爱别人。"在任何关系里，我们都需要保持独立性，特别是独立思考的能力。尊重彼此，时常换位思考，培养共同兴趣，珍惜当下的快乐，保持善意并遵守自己的底线，这些在任何关系中都是对我们有利的。

了解婚姻，要从了解自己开始。**虽然我们无法选择自己的父母，但是在大多数情况下，婚姻是可以由我们自己做主的。原生家庭影响固然带有指向性，但是真正的指南针还是需要我们自己打造。**

适合自己的就是好的。但知道什么适合自己，自己真正想要的是什么，这些其实是我们生活中需要面临的挑战。一旦你确定了自己的内心，你将收获更清晰的看法，心态也将更加平和。

尹博士心理小妙招

- 不要带着"对方会因为婚姻而改变"的心态走入婚姻。**我们没有能力改变任何人，改变需要对方具备主动性。抱着"结了婚就好了的"心态，结果往往是相反的。**

- 对方最好具有抗压能力以及取悦自己的能力。如果对方也希望你能把他（她）带出原生家庭的泥沼，那么你们的感情将负重前行。生活，不会越来越容易，特别是在结婚之后，随着年龄的增长，个体的压力肯定也是越来越大。最关键的是，快乐的能力不是别人可以赋予的。在面对挫折的时候，对方是能够理智看待问题然后着手解决问题，还是怨天尤人、对你撒气？工作繁忙时，对方是会不胜压力，还是可以依然找到工作之外的乐趣？对方是否兼有幽默感和调节自己情绪的能力？哪怕拥有再多的爱情、亲情、友情，最后

能够让你快乐的也许也只有自己，金钱和快乐没有绝
对的关系。

- 要关注彼此家庭之间的价值观分歧。婚姻，不仅仅是
  两个人的结合，而是两个家庭甚至是家族的合体。可
  能目前只有少部分的人，可以做到坚守边界，让两个
  家庭的长辈不过分干涉自己的小家庭，大部分人还是
  会和原生家庭有着"剪不断，理还乱"的关系。我们
  要保持清晰的边界感，这样才能打造完全属于自己的
  小家庭。

因不了解而相爱，因为了解而分开

阴暗的冬天，还下着不小的雨，就好像今天诊室里的气氛，压抑得令人有点透不过气来。来咨询的是一对伴侣，他们因为婚姻中沟通不顺来接受伴侣咨询。

妻子的情绪明显更加激动，一直在指责丈夫如何如何拒绝沟通。丈夫则冷着一张脸，一副见怪不怪的样子，好像已经习以为常，完全不为所动，甚至有点心不在焉。经历太多的伴侣咨询经验，有时候觉得自己真的有点像裁判员，在一方倾吐欲望过剩的状态下要喊停，同时也要鼓励沉默的一方吐露心声。基本上这种情况下，我会计时给每一方三分钟的说话时间，然后让另一方也有机会去表达自己的看法。毕竟双方的感情问题，不可能只是一个人的功课。

这对夫妻已经结婚十年，女孩性格跳脱，男孩成熟稳重，一开始对方是被彼此的性格吸引，双方一见钟情，认识不到一年就走入婚姻殿堂，不久就有了两个孩子，从步入婚姻的甜蜜浪漫过渡到抚养孩子的鸡飞狗跳，不过三年的时间。

　　看一看他们之间的对话，不知大家会不会有些熟悉呢？

　　妻子："为什么你就不能和我好好沟通呢？你忙难道我不忙吗？两个孩子你管过吗？只会拿工作当借口。每次都是和我冷战，这明明就是冷暴力！"

　　丈夫沉默了一阵："反正你内心已经认定我是这样了，我说什么也没有用。每天下班回来等待我的就是一场争吵，我真的很烦。"

　　妻子："那是因为你从来没有好好正视我们之间的问题，我每次想好好和你聊天时，你都用工作忙太累来搪塞我，你根本不在乎我的感受。"

丈夫："你说不在乎就不在乎吧。反正我觉得我改变不了你的想法。随便你，我已经受够了你每天的质问。"

很明显这对夫妻的沟通根本不在一个频道上。妻子的诉求是倾听和理解，也就是我们通常所说的情绪价值，而丈夫则表示没有能力也没有意愿提供。在漫长的十年里，他们彼此消耗着，恐怕连那最后的一点点热情也要被耗尽了。

为什么会造成这样的情况呢？看看他们各自的成长背景其实就知道了。我一直觉得，心理咨询其实是一个大型的拼图活动，我们从一个个成长细节和生活碎片，拼搭出一个人的内心地图，大部分时候我们可以找到情感模式的节点。

这对夫妻不同的性格以及如今的矛盾其实也有各自的原因。妻子成长于一个相对安全温暖的环境，她的父母之间的沟通是安全、稳定且温和的，那么她自然觉得夫妻间的日常沟通是很重要的。

而丈夫的成长环境则充满动荡，他的父母很早便离异了，各自组建了新家庭。他周转于两个家庭之间，一直没有感受被真正接纳过，这也是他表现得成熟稳重的原因之一。他不觉得自己有资格去放肆自己的情绪，所以更多的是压抑自己内心的真实感受。

那么，应该用心理学上的什么原理去解释这种不同的行为呢？这里我必须提一下心理学中非常著名的依恋理论了，这项理论在现代精神分析理论中占据重要的席位①。

实践见真知，多年的咨询经验告诉我，童年会给成长中的我们留下深刻的烙印。依恋理论认为，婴儿与母亲（或者主要照顾人）之间的关系决定了今后其面对亲密关系的态度。依恋理论把亲子关系大致分为安全型依恋、焦虑型依恋、逃避型依恋、混乱型依恋四种类型。

妻子属于安全型依恋。安全型依恋是指婴幼儿和母亲（主要照顾者）有着安全良好的依附关系。孩子知道自己的需要能够被看到和照顾，而不会有被遗弃的害怕，有了安全

---

① DANQUAH A N, BERRY K. Attachment theory in Adult Mental Health：A Guide to Clinical Practice［M］. London：Routledge，Taylor & francis Group，2014.

的"堡垒"，能够放心大胆地探索世界。这大致应该是这次咨询中妻子的成长环境的一个写照。她从小家庭和睦，也能看见父母正面沟通的模板，自然觉得良好的沟通也非常有必要。但是在与丈夫一次一次的冷战中，她也渐渐失去了耐心，受够了丈夫的逃离和回避。

那么，丈夫的性格怎么来用依恋理论解释呢？丈夫属于逃避型依恋。在这个模式里，孩子面对陌生人和照顾者是一样的。不论谁陪着自己，婴幼儿都不会探索环境。不管谁在这个环境里，他也没有太多的愤怒。造成这种模式的原因可能是母亲或者主要照顾者没有耐心，对婴儿不敏感或表现出负面的反应，拒绝身体接触等。逃避型依恋婴儿的常见表现是退缩，成年之后，他们的性格也会相对冷漠，出现缺乏兴趣、不易交友等问题。在面临冲突的时候，他们大多会采取回避、冷战或者沉默等方式来应对。

从这个角度去分析丈夫的成长环境，我们就可以大致明白他为什么缺乏沟通的能力以及沟通的意愿了。毕竟他常年辗转于两个家庭间，又一直觉得自己是局外人，没有和他人诉说的习惯，得到的温暖和亲密的情感体验也更少。

他甚至在咨询中承认，在其心目中，沟通就等于吵架，而他十分厌倦甚至憎恶吵架和冲突。而妻子的沟通需要对于他来说好比一次次拷问，总会让他回忆起童年不美好的时光。在工作中，他也同样为了避免冲突而不得不做很多并不喜欢的事情，所以他觉得自己工作养家已经是足够负责任了。既然妻子已经全天在家照顾孩子，那么他也可以回家休息，而不是"应战"。

在进行伴侣咨询中，咨询师的首要目的是帮助双方梳理沟通渠道。当双方的沟通渠道严重堵塞时，咨询师需要介入并让沟通变得流畅起来。我需要做的就是能够让他们彼此在一个安全的环境中将自己的真实感受不受干扰地表达出来，给他们彼此一些思考空间，寻找婚姻中真正的问题所在。

在接下来的几次咨询中，这对夫妻从一开始的争吵，到后面可以相对心平静和地探讨他们之间的矛盾，这已经是一种很大的进步。用文字沟通而不是用语言沟通，也是伴侣心理咨询中的一个小技巧，因为通常经思考发出的文字的攻击性会更小，文字沟通也可以给对方留下思考的余地。

　　但是回到生活中，彼此根深蒂固的成长环境依然影响着他们的婚姻质量，而且同时也因为孩子们渐渐长大，婚姻中很重要的一份黏合剂也渐渐"失效"。在讨论再三之后，他们还是决定协议离婚，放过彼此，不再用家庭和爱来束缚彼此内心真正的情绪需要。

　　咨询师不是神仙，能做的只是帮助他们了解自己的成长环境和尽量去调整沟通模式，至于双方婚姻将走向何处，这不是心理咨询可以控制的。改变的发生需要来访者本人有强烈的意愿，但是这对来访者夫妻彼此都已经消耗了太多的耐心，而双方成长环境的影响又根深蒂固，所以这种改变异常困难。

　　这里透露一个我从咨询中得到的感悟，那就是在伴侣咨询中，大部分分开的伴侣都是因为了解而分开，这也算是一种成长和爱的代价。爱是尊重以及在付出磨合之后放过彼此，离婚不是失败，而是新生活的启程。

　　因此在走入一段感情或者婚姻之前，了解彼此的成长背景和沟通方式非常重要。与其抱着婚姻可以磨合彼此的期待，

不如仔细思考双方当下是不是可以接受彼此的缺点以及感激彼此的付出。

爱情是热烈的，婚姻是持久的，不要带着爱情和婚姻可以改变一个人的心态去结合。改变必须由内而外发生，你的改变，要来自你的内心。

尹博士心理小妙招

- 走入婚姻前，请互相坦诚。如果对方不能接受最糟糕的你，那么他也不值得最好的你。

- 沟通方式很重要。如果对方有逃避或者拒绝沟通的表现，那么请在一开始就对这段关系打个问号。

- 婚姻是双赢的，不要一味付出，否则可能只得到对方的逃避。

- 在开始一段恋情之前，请好好爱自己并了解自己，你值得最好的爱。

- 适合自己的就是最好的。爱对了，那就是强强联手；爱错了，就可能是"正正得负"了。

死亡这堂课，每个人都无法避免

新冠肺炎疫情这三年改变了很多人的生命轨迹。我失去了我挚爱的母亲，并且没有能够送她最后一程。这个遗憾可能我永远不可能释怀。从业这么多年，我见过很多失去至亲的来访者，我在咨询中也说过安慰的话，好比："我明白你的痛苦，我理解失去挚爱的痛苦。"

但是当我有了自己的亲身经历之后，我对共情——这个心理咨询中最重要的部分，产生了怀疑。我们真的可以做到共情吗？真的可以感同身受对方的痛苦吗？如果不能完全感受对方的痛苦，心理咨询的作用在哪里呢？

这段经历让我想起了曾经的一位来访者。她之所以让我记忆犹新，是因为她是我执业过程中唯一一个投诉我的人。英国的心理咨询监管十分严格，如果有来访者投诉，不但我工作的诊所会介入并且调查，同时英国心理学家协会也会收到通知，这对一名心理咨询师来说是非常大的压力和打击。

我很清晰地记得那次的咨询，坐在我面前的是一名临近五十岁的中年女性来访者。看得出来，她状态很差，脸上一层灰气，她一走进诊室，就开始没有任何征兆地号啕大哭："我没有妈妈了。"巨大的悲伤扑面而来，把整个诊室都包裹了起来。那一刻，我虽然是一名咨询师，但是我更是一个女儿，我想起了远在异国他乡疾病缠身的母亲，也随着来访者掉入悲伤的旋涡。

她抽泣地说："我只有我的妈妈，妈妈也只有我。我们相依为命一直到现在，我从来没有离开过我母亲，一直一起住，几乎每天晚上都会一起吃饭，还会天天通电话。我们不但是母女，还是最好的朋友。我和母亲从来都是同进同出，每个周末还会开车到附近旅行，我一直过得特别幸福。她生病住院时，我每天都去医院探望她，但是偏偏她走的时候我不在。医生给我打电话的时候我正在开车赶往医院的路上，听到消息之后我直接崩溃了。不得不把车停在路边，叫了出租车赶到医院。我的妈妈，我最爱的妈妈，闭着眼睛毫无生气，可是明明她昨天还对我说如果她好起来，我们还要去旅行呢。我感觉整个天都塌了下来。"

这个时候的她又开始大哭，她问我："尹博士，我的人生再也不会有快乐了，我确信这一点。我以前从来不会想到我居然会有心理咨询的时候，因为我一直有我的妈妈，我们分享一切快乐和苦恼，但是现在，我真的很需要一个人来倾听我，懂得我的痛苦，因为我已经痛苦到无法思考了。我好后悔为什么我妈妈走的那一刻我不在她身边。我不想吃，不想睡觉，也不想工作，甚至一度想去天堂陪她。我的生活完全失去了意义，你能理解我吗？"

听着她近乎哀号的倾诉，我的心也一直动荡着。我的思绪时不时飘回远在9000多千米之外的、身在上海卧床不起的母亲那里。由于无法陪伴她，我内心的挣扎也被激发出来，我在来访者身上似乎看到了我的未来，而我的眼泪也情不自禁地掉了下来。这是我第一次，也是唯一一次作为咨询师在来访者面前表露自己最真实以及最脆弱的情绪。

我轻轻拭去了眼角的泪对她说:"我可以看见你内心的痛苦,并且这种痛苦几乎已经将你的心包围了起来。我希望在以后的咨询里,我们能一起把痛苦打开一个小口,让你自己的内心也可以有点空隙去呼吸。我们爱的人走了,但是他们给我们的爱依然留着,所以你也要加倍爱自己才行。"

这次咨询对我本人来说是一个巨大的挑战。甚至于咨询完走出诊所后,我依然带着悲伤的心情,但是我确实觉得我尽了最大的努力。但是万万没有想到,第二天走进诊所,等待我的是一封投诉信。投诉信的内容是我在整个(也是唯一一次)咨询里,什么都没有做,只是看着她哭了。当时我的心态确实是有点崩溃的,我袒露了自己内心脆弱的一面,甚至代入了她的痛苦,但是我得到的反馈却是我的共情没有让她满意。

在职业生涯中遇到这样的打击,让我对自己的专业性产生了深深的怀疑,同时我还要应对诊所的调查。碰到这种情况也是很无奈,我只能根据诊断病历记录,将整个咨询过程完完整整地抄录下来,交给内部的调查员。咨询保密协议是双方都要遵守的，如果病人提到了治疗细节，那我也需要将咨询过程完整陈述出来。

在调查过程中，我才知道，在向我咨询之前，她已经咨询了诊所另一位咨询师。同样的也是只去了一次，那位咨询师也遭到了投诉，投诉的原因也是对方对她的伤痛共情得不够。而在见我之后，她又见了诊所其他的咨询师，不出意外也是仅一次咨询后就投诉了他们，投诉的原因是咨询师提问了太多问题，让她受到了更严重的刺激。她对整个诊所以及所有的工作人员都满怀敌意。

现在回想起来，特别是在一个人失去母亲之后，这种带有明显怒气的行为，包括指责身边人的表现，其实在失去亲人的哀悼中一点不奇怪。

心理学里将哀悼分成了五个阶段，分别是否定、愤怒、讨价还价、抑郁和接受 ①。这五个阶段，并不是循序渐进的，很

---

① KÜBLER-ROSS E, BYOCK I. On death & dying: What the dying have to teach doctors, nurses, clergy & their own families［M］. New York, NY: Scribner, 2019.

多人会在失去亲人很长一段时间内感到愤怒和抑郁。就好像我的来访者一样，她不愿意接受母亲已经不在身边的事实，所以感到愤怒，然后将这种愤怒发泄在了那些想要帮助她、可以看见她痛苦的咨询师上。因为自己也亲身经历过，我理解当时那位来访者的反应，也更加知道我的共情没有错。

死亡这一课，是每个人都无法避免的。当亲人逝去，我们会感到悲伤，这是最正常不过的。但是有时候，哀思会变成彻骨的疼痛。这种深深的哀悼，包含非常复杂的情绪，悲哀、失落、愤怒、内疚、入骨的思念和后悔。使人不知所措，没有了目标。

哀悼对每个人的影响都不一样，有些人会开始自我安慰说："还好他走得很快，没有受多大的罪。"又或者有些人会责怪自己："当初我要是早一点察觉就好了。"

哀悼通常还伴有一部分幸存者负罪感："死的那个人应该是我，而不是他。"这种痛苦会激发出每个人不同的反应，有些人愿意去讨论和分享这些感悟；而有些人则会像这位来访者那样，选择用"愤怒"去面对。

失去亲人的痛苦无法避免，因为生活里的每一个细节，可能都会提醒着我们的失去。哪怕痛彻心扉，我们还是有一些办法让自己的心灵得到安抚。哈佛医学院的心理学教授 J·威廉沃登（J. William Worden）认为，失去亲人的人，如果想要从无穷无尽的哀悼中走出来，需要按以下四个步骤去做[①]。

第一步：接受现实中的失去；第二步：理解痛苦和愤怒；第三步：关注自己的生活；第四步，继续保持和已逝亲人之间珍贵的情感联系。他在过去十五年里对哀悼进行了研究，认为哀悼虽然极度痛苦，但是直面哀悼可以帮助人们成长。

在悲痛袭来时，我们可能觉得无法反应。在所有的悲伤中，只有对逝去亲人的哀痛，是我们无法逃避，也无处可逃的。想要更了解哀悼的过程，我们需要直面死亡，虽然我们都不希望这会发生。但万一不幸发生，也希望对大家有帮助。

因为挚爱，所以痛苦；因为挚爱，难以忘怀。也许亲人换

[①] WORDEN J W. Grief counseling and grief therapy：A handbook for the mental health practitioner［M］. New York，NY：Springer Publishing Company，LLC，2018.

了一种方式活在了我们的思念里，当痛苦慢慢被时间的大浪
洗涤、淡化后，留下的都是爱和思念。而爱和思念，是会被
流传的火把和种子，一代接一代，照亮我们的内心。

💡 尹博士心理小妙招

- 保持身体健康。建议你在身边亲人和朋友的帮助下，
  尽量保证最基本的生活规律。

- 理解失去并赋予失去意义。生命的轮回都有意义，找
  到意义，我们才能真正放下伤痛。

- 你可以尝试以任何形式纪念失去。如画画、写作、记
  录等，这些都是疗愈的方式。

- 给生活以时间。死亡过于沉重，所以我们更需要认真
  生活。落下的太阳会升起，你要自己去感受那一束温
  暖的光。

- 不要催促自己。面对哀悼，每个人都有自己独特的旅程。

- 如果我们身边的人正在经历这样的哀悼，而我们也想帮助他们，应该怎么去做呢？最能够帮助别人的是主动表达温暖，主动探望，并且尽可能帮助他规律地生活。不要告诉他保持坚强，虽然我知道那些劝导都是出于好心。但是我们都需要共情，特别是在失去亲人时，温暖的陪伴意义更为重大。

后记：如何识别心理咨询中的"圈套"

十几年来，由于物质生活愈加丰富，大家也越来越注重心理健康，我也见证了国内心理学的井喷式发展。但是我们也必须承认，心理学，特别是心理咨询，在国内还是属于非常年轻的行业。正因为如此，行业中也存在很多不足的地方，个别咨询师的治疗也不够专业，我也曾经遇到过因为不规范的心理咨询而受到二次伤害的来访者。

一位来访者在就诊的时候对我说："尹博士，我已经快要对心理咨询失去信心了。如果你不能帮助我，我就再也不相信心理咨询，甚至是心理学了。"她对我诉说了她之前求诊的经历："我是因为不够自信，存在社交恐惧心理而去寻找咨询师的，因为对这行不够了解，我就在网上的平台找了一个咨询师。但是在咨询了一段时间之后，我感到她一直在贬低我，而不是鼓励我。她一直说，我一辈子都需要咨询，并且让我一次性支付了 20 次的咨询费用，结果是我的症状并没有好转，反而更糟糕了。现在我觉得，她是希望我依赖咨询，让她有一个长期的客户才提供帮助的，而没有把我的心理问题放在第一位。"

这样被心理咨询二次伤害的来访者真的不少见，从行业伦理上来说，这已经属于非常不规范的情况了。现代心理学和心理咨询可以给很多人带来新生，但前提是规范。那么，在我们有问题的时候，要怎么去寻求帮助，保护自己并且识别心理咨询中可能存在的各种"圈套"呢？

第一，怎样才算一个合格的心理咨询师？首先，她/他必须做到不会加重伤害。我博士受训时所学的伦理课，翻来覆去内容就这一条。作为一名心理咨询师，你可以能力不够特别优秀，但是治疗的初心必须是帮助来访者。

这里我用咨询案例来打个比方，假如在第一次会诊的时候，咨询师发现来访者的病史非常复杂，或者曾经遭受的创伤非常严重，现在还有很强烈的过激防御。那么在心理治疗中，合格的心理咨询师需要非常耐心，绝对不应在开始咨询的时候一再发掘来访者的痛苦历史，而应采取以平复情绪为主的认知疗法，防止造成二次伤害。

每次心理上的伤害，都会造成伤口，而愈合则需要更长的时间。如果没有办法在短期将伤口清理干净并且包扎起来，就不应该鲁莽操作造成更多伤害。也许有些咨询师对自己的能力很有自信，但是病人的伤口不是用来显示实力的。尊重痛苦必须做到不再伤害。

第二，一个合格的心理咨询师，还应具有强大的共情能力。共情能力可以用来调动自己内心的情感体验与来访者建立情感联系。指出别人的缺陷会比共情对方并且看见对方的挣扎要容易许多，而心理咨询或者称职的心理咨询师，应该尽全力共情。做到可以共情，可以倾听，可以分析，可以专注，可以耐心。看见隐藏的痛苦，并赋予改变的知识和力量，这是共情的最大意义。

第三，一个合格的心理咨询师，会更注重于发掘来访者自己内心的力量，而不是鼓励依赖。心理咨询的最终目的都是让来访者自己掌握反思的能力和改变的动力，最终落实于行动上。最终能够改变的是来访者自己内心的驱动力，而不是心理咨询师的功劳。心理咨询只能让来访者更加自省，而自省才能有意识改变行为。

那我们要怎么找到靠谱的咨询师呢？

具备正规大学的正规学历是一个标准，另外现在国际上最通用的，也是目前科研证据证明最为有效的是 CBT 疗法（Cognitive behavioral theraphy，认知行为疗法）[①]。英国心理咨询博士在毕业时除了要掌握 CBT 疗法，还要能够熟练掌握另外两种治疗方法（例如心理动力学疗法或者人本主义疗法），能够熟练掌握三门治疗方法，

① HAYES S C. Process based CBT: The Science and Core Clinical Competencies of cognitive behavioral therapy[M]. Context Press, 2018.

已经非常困难[①]。如果一个心理咨询师声称自己精通各种疗法，那么大家可以先在内心暗暗打个问号。心理学学科略微懂得各种皮毛技能是简单的，但是想要达到"精进"则是非常困难的。

还有大家普遍非常关心的"心理学"中的催眠疗法，这里想要告诉大家，催眠在国际分类中并不属于心理学科目，正规的心理咨询培训里通常也不包括催眠一项[②]。

同样不包括在博士的训练内容里的是荣格的沙盘疗法[③]。这种疗法非常小众，科学研究能证明的结果也不多，所以同样不在心理咨询的培训系统里。如果专攻学习荣格流派，其隶属于精神分析专科，学习时间最短为七年，真正能够做到精通的心理咨询师绝对属于极少数。

心理学，又或者心理咨询，说到底是一门社会科学。在面对号称一节咨询可以解决所有问题的咨询师时，我们需要保持警惕。

心理问题是长年累积而成的，同样，面对治疗我们也必须具备耐心。通常的心理咨询需要 8 个疗时的基本疗程。心理咨询并不能立竿

---

① STRUPP H H, BUTLER S F, ROSSER C L. Training in psychodynamic therapy. [J]. Journal of Consulting and Clinical Psychology, 1988, 56(5): 689–695.

② BROWN D P, FROMM E. Hypnotherapy and hypnoanalysis, 2013.

③ Limitations of sand tray therapy[EB/OL]. Sand Tray Station, [2023-09-21].

见影地解决生活中的各种问题。如果一个心理咨询师过于夸大心理咨询的功能并主张缩短疗时，那我们同样需要心存警惕。

除此之外，每个咨询师都或多或少有自己的专业趋向，比如我主治成年人的抑郁、焦虑和创伤后遗症。如果是遇到专门的心理问题，比如饮食紊乱、出现幻听、有着复杂的人格障碍等，我就会推荐来访者去其他专业门诊。如果一个心理咨询师号称自己能够治疗多种心理问题，那么这也是他不够专业的信号之一。

最重要的一点，无论咨询师的能力如何，我们在治疗过程中都必须遵守心理治疗规范。比如，在心理咨询过程中，许多关于身体上的接触是不规范、不道德的。

另外，我们需要关注意心理咨询师的收费规则。正规的心理咨询通常是按照咨询次数来收费的，因为我们并不能确定每个来访者需要多长的咨询时间。一个合格的心理咨询师的咨询小时费应该是明码标价的。

来访者应按每次的咨询小时付费，不存在提前购买咨询小时的收费方式。在诊疗开始时，心理咨询师通常会和来访者一起设立一个治疗目标。比如，如何减轻抑郁症状，或者如何更好地面对焦虑情绪，等等。在诊疗结束时，咨询师也会对目前的诊疗程度做一个小结，让来访者看到自己的变化，从而能更好地、独立地投入自己的生活，而不造成人为的依赖。在英国公立医院执业的心理咨询师，会在每一节咨询结束之后让来访者为本次的治疗打分，这样才能更好地保护来访者。

在这里我还想说一下，在"合格"的情况下，如何找到适合自己的心理咨询师？

那可能真的需要我们多加尝试了。心理咨询里有非常多种不同的疗法，心理动力疗法注重于建立成长经历与现在生活模式中的联系，通常疗时比较长；而认知疗法注重于行为改变，它可以在相对短的时间内改变来访者的一些行为模式或思维方法。

每一种方式都有着不同的侧重点，而每一个咨询师都有自己的工作模式，来访者要注重自己当时的治疗需求以及和心理咨询师之间的情感联系。如果来访者和咨询师之间没有一个良好的情感联系，那么也很难有好的治疗效果。

重点强调一下，心理咨询师与来访者不是朋友的关系，因为有着明显的界限；也不存在尊卑的关系，咨询师可以被挑战，也可以被反驳。在我看来，心理咨询，是通过温暖的注视和倾听，引导来访者挖掘自己主观意识的过程。在心理咨询里，我们要坚信来访者才是改变能够发生的最大原因，这也是我认为合适的咨询关系边界。

把自己的能力看得过高，或者把职业的意义拔高，会为咨询师带来无力感，也会为他们自己带来磨损。认真做好每一次咨询，给予来访者自我觉察的意识，尊重自己的职业以及相信每个人潜在的力量，这才是心理咨询师应该具备的职业素养。

最后的一些话是献给那些有心理障碍并希望寻求帮助的朋友们的。我知道有寻求帮助的心已经很勇敢了，这条路又障碍重重。不过没有关系，总会有座灯塔始终为你亮着。

自尊量表[①]（self-esteem scale，SES）由罗森伯格于1965年编制，最初被用于评定青少年关于自我价值和自我接纳的总体感受，是我国心理学界使用最多的自尊测量工具。

该量表由5个正向计分和5个反向计分的条目组成。设计中充分考虑测定的方便性，受试者可以直接报告这些描述是否符合他们自己。

1. 我认为自己是个有价值的人，至少与别人不相上下。
（1）非常同意　（2）同意　（3）不同意　（4）非常不同意

2. 我觉得我有许多优点。
（1）非常同意　（2）同意　（3）不同意　（4）非常不同意

3. 总的来说，我倾向于认为自己是一个失败者。
（1）非常同意　（2）同意　（3）不同意　（4）非常不同意

① ROSENBERG M. Rosenberg self-Esteem Scale[J]. PsycTESTS Dataset, 1965.

4. 我做事可以做得和大多数人一样好。

（1）非常同意　（2）同意　（3）不同意　（4）非常不同意

5. 我觉得自己没有什么值得自豪的地方。

（1）非常同意　（2）同意　（3）不同意　（4）非常不同意

6. 我对自己持有一种肯定的态度。

（1）非常同意　（2）同意　（3）不同意　（4）非常不同意

7. 整体而言，我对自己觉得很满意。

（1）非常同意　（2）同意　（3）不同意　（4）非常不同意

8. 我要是能更看得起自己就好了。

（1）非常同意　（2）同意　（3）不同意　（4）非常不同意

9. 有时我的确感到自己很没用。

（1）非常同意　（2）同意　（3）不同意　（4）非常不同意

10. 有时我觉得自己一无是处。

（1）非常同意　（2）同意　（3）不同意　（4）非常不同意

量表分四级评分，"非常同意"计 4 分，"同意"计 3 分，"不同意"计 2 分,"非常不同意"计 1 分,1、2、4、6、7 正向记分,3、5、8、9、10 反向记分,总分范围是 10~40 分,分值越高,自尊程度越高。